VADE-MECUM

DU

MÉCANICIEN CONDUCTEUR

DE

MACHINES LOCOMOTIVES.

Tout exemplaire non revêtu de la signature de l'autêur sera réputé contrefait, et tout contrefacteur ou débitant de contrefaçons de cet ouvrage sera poursuivi suivant la rigueur des lois (1).

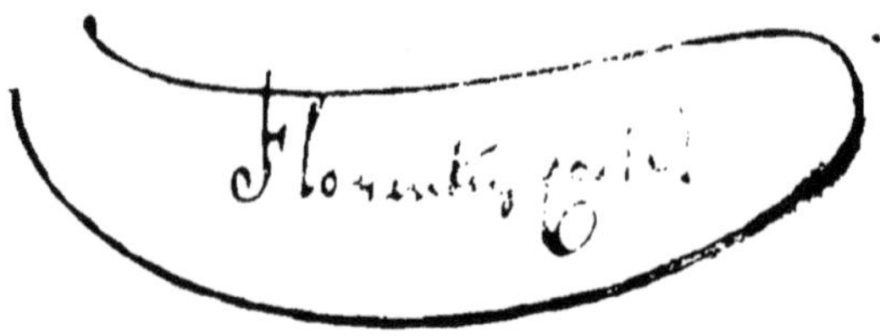

Ouvrage du même auteur :

TABLEAUX STATISTIQUES sur l'exploitation et le matériel des principaux chemins de fer de l'Angleterre (1845) reliés. . . . . 50 fr.

Ces Tableaux ont été adoptés par le ministre des travaux publics sur un rapport fait d'après ses ordres par M. Julien, ingénieur en chef des ponts-et-chaussées; ils ont été adoptés également par plusieurs écoles du gouvernement. Ils renferment : 1° La longueur totale de chaque ligne; 2° Le nombre et le prix de toutes les locomotives, tenders, voitures, wagons; 3° Le poids et les vitesses des convois de voyageurs et de marchandises; 4° La consommation du coke, de l'huile, etc., par kilomètre parcouru; 5° Le nombre de kilomètres parcourus journellement et annuellement par les trains de voyageurs et de marchandises; 6° Le nombre et le salaire de tout le personnel employé dans les grands ateliers de réparation des locomotives, voitures, wagons, etc.; 7° Le prix des matières premières, telles que le fer, la fonte, le cuivre, le coke, etc.; 8° Le nombre de toutes les machines outils employés dans les grands ateliers de réparations de ces mêmes chemins de fer; 9° Le prix des plaques tournantes, des grues hydrauliques, des ponts à peser, des réservoirs en fer, etc.; 10° Les dépenses annuelles et générales du département des locomotives et tenders, et de celui des voitures, wagons, etc.

NOTE.—Nous avons fait cet ouvrage en anglais et en français d'après le système de poids, de mesures et de monnaies anglaises et françaises; il se trouve en dépôt, à Paris, chez L. Mathias et N. Chaix.

(1) Nous allons, sous peu, publier cet ouvrage en anglais et en allemand, il se trouvera chez les libraires suivans : à *LONDRES*, JOHN WEALE. — à *BERLIN*, DUNCKER. — à *VIENNE*, GEROLD.

VADE-MECUM

DU

MÉCANICIEN CONDUCTEUR

DE

Machines Locomotives,

RENFERMANT

Des instructions générales sur la conduite et l'entretien d'une locomotive, soit dans les stations, soit pendant la circulation, ou en cas d'accident;

PAR

FLORENTIN COSTE,

Ingénieur Mécanicien,

Ex-ingénieur du département des locomotions du chemin de fer de Londres à Yarmouth (Eastern Counties); de la maison J. Cockerill, de Belgique, et de divers autres ateliers de construction civils et militaires.

PARIS,

LIBRAIRIE SCIENTIFIQUE DE L. MATHIAS,

QUAI MALAQUAIS, N. 15.

NAPOLÉON CHAIX ET Cie, RUE BERGÈRE, N. 8.

1847.

OBSERVATIONS PRÉLIMINAIRES.

Parmi les différens ouvrages qui ont été publiés jusqu'à ce jour sur les machines locomotives, il n'y en a pas encore eu, en quelque sorte, de spécialement faits pour les mécaniciens conducteurs de machines locomotives, c'est-à-dire qui pussent être mis à la portée de la classe ouvrière; soit parce que les auteurs sont entrés dans une théorie trop élevée, et qui ne peut être comprise que d'un certain nombre d'ouvriers; soit parce que le prix de ces mêmes ouvrages est souvent trop élevé.

Nous avons donc pensé qu'il pourrait être utile, en raison du développement que prennent aujourd'hui les chemins de fer qui, sous peu de temps, réclameront un grand nombre de mécaniciens conducteurs, de publier un *Guide pratique du mécanicien conducteur,* spécialement fait pour la classe ouvrière, et dont le prix fût accessible à toutes les bourses ; guide dans lequel les ouvriers et les élèves mécaniciens qui se destinent à la conduite de ces machines, trouveront des règles pratiques sur ce qu'ils ont besoin de connaître, non-seulement pour ce qui concerne les soins que réclament les locomotives, soit dans les stations ou pendant la circulation, mais encore pour qu'ils puissent les diriger avec connaissance de cause et économie, tant pour la sécurité des voyageurs que dans l'intérêt des compagnies.

Comme ce guide est destiné à des hommes de

la spécialité, qui savent déjà ce que c'est qu'une locomotive et un tender, nous n'avons pas jugé nécessaire d'en donner ici la description; et, comme d'un autre côté, nous n'avons pas voulu sortir du cadre limité que nous nous sommes tracé, nous avons dû éviter d'entrer dans des détails théoriques qui seraient en dehors de l'objet spécial de ce volume.

Nous engageons les ouvriers qui souhaiteraient, ou posséder des développemens plus étendus, ou faire des études scientifiques sur les machines locomotives, à consulter les excellens ouvrages qui ont été publiés tant par MM. le comte de Pambourg, E. Flachat et J. Petiet, que par F. Mathias. Nous leur recommandons également de consulter l'encyclopédie des chemins de fer de M. Félix Tourneux.

Nous avons divisé cet ouvrage en sept parties

distinctes (précédées d'observations générales sur l'admission des mécaniciens conducteurs), que voici :

1° Instructions générales.

2° Combustion.

3° Vaporisation.

4° Alimentation.

5° Inspection de la machine, etc.

6° Conduite du train.

7° Accidens.

Si, par la publication de cet ouvrage, nous pouvons atteindre le but que nous nous sommes proposé, qui est d'être à-la-fois utile aux mécaniciens et aux compagnies, nous nous trouverons pleinement satisfait.

OBSERVATIONS GÉNÉRALES

SUR L'ADMISSION

DES MÉCANICIENS CONDUCTEURS.

Il est nécessaire que les compagnies de chemins de fer apportent la plus grande sévérité dans l'admission des mécaniciens conducteurs qu'elles sont appelées à occuper. C'est une question de la plus haute importance; car avec un mécanicien capable, actif et sobre, on peut être assuré à l'avance que la machine qu'on lui confie sera dans un état permanent de bon entretien, et fera sans réparation importante un assez long service; que le combustible et les autres matières premières dont il fait usage, ne seront pas employées avec profusion, mais bien avec une sage économie; et qu'enfin, les accidens qui sont souvent causés par la négligence, l'incapacité ou le peu de sobriété du mécanicien, diminueront sous la conduite de celui dont nous parlons.

Quant au mécanicien, au contraire, qui n'a pas ces qualités, on peut être presque certain qu'il négligera, pendant la marche, l'entretien de sa machine ainsi que l'économie du combustible, et qu'il n'aura pas cette rapidité de coup-d'œil, qui doit être une des facultés de tout conducteur de machines, et qui est souvent la sauvegarde des voyageurs, lorsqu'un accident peut être prévu assez à temps pour être prévenu.

Les mécaniciens qui appartiennent à

cette dernière catégorie, peuvent compromettre dans plus d'une circonstance et d'une manière très grave, non-seulement les intérêts des actionnaires, par la destruction d'une partie du matériel qu'ils conduisent, mais ce qui est encore plus déplorable, l'existence des voyageurs qu'on leur a confiée; les compagnies doivent donc, toutes les fois qu'un mécanicien conducteur aura, pendant son service, oublié la sobriété qui lui est imposée, le renvoyer immédiatement et prendre des mesures plus sévères qu'elles ne l'ont fait jusqu'à ce jour, afin qu'il ne puisse, pour l'avenir, remplir de semblables fonctions.

De ce que nous venons de dire relativement à un mécanicien capable et à un mécanicien ordinaire ou incapable, il en résultera nécessairement, dans un parcours moyen de 45,000 kilomètres, que chaque mécanicien conducteur est appelé à faire annuellement, une différence dans la dépense totale des frais de traction, frais estimés, en moyenne, avec des machines du poids de vingt tonnes, à 1 fr. 50 c. par kilomètre parcouru ; il en résultera, disons-nous, tant sur les matières premières que sur l'entretien de la machine, une économie que l'on peut évaluer, sans exagération, de 5 à 10 pour o/o, soit en moins, soit en plus sur les frais de traction, et dont la moyenne extrême, 15 pour o/o, donnera annuellement à la compagnie, par chaque mécanicien capable ou chaque mécanicien ordinaire, une économie ou une perte de plus de 10,000 francs.

Dans cette somme ne sont pas compris les frais résultant des accidens causés par l'incapacité ou la non-sobriété du mécanicien, tels que la destruction d'une boîte à feu, qu'il aura brûlée en laissant complétement tomber le niveau de l'eau; le déraillement de la machine et quelquefois d'une partie du convoi, qu'il aurait pu éviter en apportant sur le passage des aiguilles ou des croisemens de voie les soins qu'il réclame, et d'autres accidens qui arrivent de temps à autre par de semblables fautes, et qui entraînent toujours à leur suite des frais énormes de réparations, de manière à doubler ou à tripler souvent la somme dont nous avons parlé.

D'après les faits incontestables que nous venons d'exposer, il est évident que les compagnies auraient le plus grand intérêt à avoir pour mécaniciens conducteurs des hommes qui fussent, non-seulement d'une activité, d'une conduite et d'une sobriété irréprochables, mais qui fussent surtout d'excellens ouvriers; ce qui est un point très important pour le bon entretien et la conservation de la machine, et ce qui en outre produit une assez grande économie pour les compagnies, lorsque des réparations de second et de troisième ordre sont exécutées dans les dépôts de machines, et faites en grande partie par les conducteurs ouvriers ; cela est d'autant meilleur pour la machine, qu'il en est de cette dernière comme d'un cheval, elle a ses qualités et ses défauts, et ce n'est qu'après un certain temps d'épreuves que le mécanicien parvient à la bien connaître et à en tirer tout le parti possible.

Dans cette circonstance, l'homme le plus apte à y faire toutes les petites réparations qu'elle réclame hebdomadairement et mensuellement est donc celui-là même qui la conduit, qui y est en quelque sorte attaché, et à qui on devrait constamment la laisser (ce qu'on ne fait pas généralement, et cela toujours au détriment des compagnies), jusqu'à ce qu'elle arrive en chantier pour y recevoir une réparation générale.

Nous pensons donc que les compagnies, lorsqu'elles le voudront, pourront en peu de temps se procurer de semblables sujets, dès l'instant cependant qu'elles seront disposées à augmenter le salaire des mécaniciens conducteurs qui, par les besoins qu'exige leur profession, se trouvent dans l'obligation de faire des dépenses beaucoup plus élevées, surtout quand ils sont mariés, que les ouvriers mécaniciens qui travaillent dans les ateliers; ouvriers qui sont à l'abri des injures du temps, et qui aimeront certainement mieux continuer paisiblement leurs travaux, que de venir s'exposer à recevoir et à endurer en toute saison, de nuit comme de jour, et pendant quelquefois huit heures consécutives, la pluie, la neige, le froid, etc., et, de plus, s'exposer à chaque instant à se faire casser un bras ou broyer une jambe, lorsqu'ils ne se feront pas tuer ; et tout cela pour ne pas faire, en somme, plus d'économies que s'ils travaillaient dans leurs ateliers à la journée ou aux pièces : or, il est donc bien évident qu'il n'y aura qu'un très petit nombre de ces ouvriers, et ce ne seront pas généralement les meilleurs, qui changeront leur position pour celle de mécanicien conducteur.

Mais le jour où les compagnies accorderont à ces mêmes hommes un salaire qui leur permettra de faire, après quinze ou vingt années d'un travail pénible et dangereux, des économies qui pourront les mettre à même de vivre modestement et tranquillement, elles trouveront en peu de temps, nous en sommes persuadé, autant de mécaniciens capables qu'elles en auront besoin.

C'est, du reste, la marche qui a été à-peu-près suivie dans l'un des chemins de fer de Paris, chemin qui jouit aujourd'hui d'une réputation justement méritée, sous le rapport de sa bonne exploitation, etc., et dans lequel on a formé, en quelque sorte, une pépinière de mécaniciens conducteurs, de chefs d'ateliers et de chefs de dépôts, etc., qui tous étaient ouvriers avant d'entrer dans cette ligne, et qui peuvent être classés aujourd'hui au nombre des hommes capables et de bonne conduite; hommes qui, par l'impartialité avec laquelle ils ont été traités, jointe à la position pécuniaire qu'on leur a faite, ainsi qu'à l'appui bienveillant dont ils ont été entourés jusqu'à ce jour de la part de leurs chefs, prennent à cœur et leurs devoirs et les intérêts de leur compagnie, et se fixeront dans cette dernière, tout porte à le croire, jusqu'au moment où ils pourront vivre tranquillement des économies qu'ils y auront réalisées.

Voilà, selon nous, la seule voie directe dans laquelle les compagnies devraient entrer pour se former un personnel de mécaniciens conducteurs et de chefs capables, sur la stabilité desquels elles pourraient compter, en les traitant avec sévérité, mais avec équité et quelque peu de bienveillance, mais surtout sans faveur et sans protection aucune; car la faveur occasionne très souvent un mauvais service, d'où il résulte parfois des accidens, et elle porte le découragement parmi les hommes les plus intelligens et les plus actifs de la spécialité, et les métamorphose assez souvent, et en peu de temps, en hommes indolens et indifférens aux résultats de leurs travaux; tandis que s'ils étaient traités avec impartialité, ils se dévoueraient entièrement aux intérêts de leur compagnie.

Nous engageons également les compagnies qui tiendront à se créer un noyau d'hommes d'élites, comme mécaniciens conducteurs, à augmenter annuellement, mais d'une faible somme, ceux qui auront été reconnus capables et de bonne conduite ; cette augmentation successive, après cinq ou six années de service dans la compagnie, commencera à devenir pour eux assez importante ; car plus ils resteront, plus ils auront intérêt à rester. Ils se trouveront donc placés dans l'obligation, pour ne pas perdre leur position, d'apporter envers leur compagnie tout le zèle et l'activité qu'elle pourra en attendre ; car en quittant cette ligne après, supposons-nous, dix années de services, il leur serait presque impossible d'obtenir dans d'autres chemins de fer une position pécuniaire et de considération semblables à celles que leur aura faite leur compagnie.

Les compagnies pourraient encore, pour

s'attacher les mécaniciens d'élite, accorder, en raison des appointemens qu'elles alloueraient, une pension de 800 ou de 1000 francs à tout mécanicien conducteur qui aura fait ou quinze, ou vingt années de service actif dans la même ligne.

Les compagnies, nous en sommes encore persuadé, regagneront amplement, tant par l'économie des matières premières et des soins apportés à l'entretien des machines, que par les accidens qui auront été prévus par l'activité et le zèle de ces mêmes hommes, les sacrifices pécuniaires qu'elles se seront imposés pour conserver dans leur ligne, l'élite de leurs meilleurs mécaniciens conducteurs.

Nous pensons aussi qu'il serait utile que les compagnies, après chaque année d'exploitation, stimulassent et encourageassent l'activité et le zèle des hommes employés dans la traction, en délivrant, à titre de primes d'encouragement, quelques médailles accompagnées d'une certaine gratification pécuniaire, tant aux chefs d'ateliers et aux chefs de dépôts qui se seraient signalés par des améliorations et des perfectionnemens importans dans la réparation des machines, tenders, voitures, etc., qu'aux mécaniciens conducteurs et aux chauffeurs qui, pendant leur année de service, se seraient fait le plus remarquer, tant par leur zèle et leur économie, que par une conduite exemplaire dans les divers travaux qu'ils auront été appelés à faire.

Les compagnies devraient aussi, en ce qui concerne l'admission des mécaniciens conducteurs, faire une exception à l'égard des chauffeurs qui, après avoir été employés trois années comme tels, et s'être fait remarquer par leur activité, leur intelligence et leur conduite, auraient, pendant cet espace de temps, remporté une médaille ou une prime d'encouragement, et les admettre en qualité d'élèves mécaniciens, remplissant néanmoins les fonctions de chauffeurs, mais les faisant travailler dans les ateliers en qualité d'aides ouvriers, toutes les fois que le service de leurs machines ou tout autre service le réclamerait; enfin, après deux années de service passées comme élèves mécaniciens, les admettre en qualité de mécaniciens conducteurs, dès l'instant qu'ils pourraient satisfaire, sauf la présentation du certificat d'apprenti et de monteur mécanicien, à toutes les conditions spécifiées dans l'examen dont il sera parlé ultérieurement.

Les compagnies, nous n'en doutons pas, regagneraient, non pas au double mais au quintuple, les primes d'encouragement qu'elles auraient distribuées à ces hommes, et nous pouvons ici en parler avec quelque connaissance de cause, car une expérience de plus de vingt années passées, tant dans les principaux établissemens de construction et de réparations de machines à vapeur, que dans les divers chemins de fer de l'Europe, depuis la position d'ouvrier mécanicien jusqu'à celle de directeur des ateliers et d'ingénieur, nous a mis à même d'étudier et de bien connaître la classe ouvrière, et de savoir comment on peut en tirer, sous le rapport de l'intelligence et du travail, tout le produit qu'on peut et doit en attendre; produit qui, s'il exige pour l'obtenir une discipline sévère, veut aussi en compensation une impartialité exempte de tout reproche, et à laquelle il est nécessaire et indispensable d'ajouter quelque encouragement.

D'après ces observations générales, il serait à désirer, pour la sécurité publique, que le gouvernement instituât des commissions composées d'ingénieurs de la spécialité, c'est-à-dire d'hommes ayant pratiqué pendant une dizaine d'années au moins, dans des ateliers de construction ou de réparation de machines locomotives, pour examiner, non-seulement les mécaniciens conducteurs et les inspecteurs des machines locomotives, mais encore les sous-ingénieurs et les ingénieurs chargés de la traction, afin de s'assurer qu'ils possèdent l'expérience pratique et au moins le terme moyen des connaissances qu'exigent les fonctions qu'on leur a respectivement confiées : car de ces connaissances dépendent souvent la sécurité et la vie des voyageurs.

Il serait temps enfin que les compagnies cessassent de placer dans le service actif de l'exploitation, mais principalement de la traction, là où il faut des hommes tout-à-fait spéciaux, depuis la position de chef d'atelier jusqu'à celle d'ingénieur, de jeunes ingénieurs civils, connaissant à peine la nomenclature des pièces d'une locomotive, etc., pour commander des ouvriers et des chefs d'ateliers,dont la plupart, excellens praticiens, ont beaucoup plus d'expérience que ces nouveaux ingénieurs.

Quelle confiance morale peuvent inspirer de semblables hommes à des ouvriers et des chefs d'ateliers qui ne sont que trop souvent témoins de l'incapacité de leurs chefs, dans la direction des travaux qu'on leur a confiés, et dont les résultats sont tels, que fort souvent il faut mettre au rebut le travail qu'ils ont fait faire, pour le recommencer de nouveau, et cela toujours à l'insu et aux dépens des actionnaires. Où et comment ces jeunes gens auraient-ils acquis cette expérience sans laquelle tout homme chargé de si importantes missions, s'expose à compromettre, non-seulement les intérêts des actionnaires, mais ce qui est encore plus déplorable l'existence des voyageurs.

Nous pensons donc que le gouvernement devrait intervenir auprès des compagnies afin que tout candidat appelé à remplir, à l'avenir, les fonctions de mécanicien conducteur, ne pût être admis en cette qualité, dans aucun chemin de fer, sans avoir satisfait à des conditions d'examen équivalentes à celles-ci :

ARTICLE PREMIER.

Tout candidat appelé à remplir les fonctions de mécanicien conducteur, devra être âgé d'au moins vingt-cinq ans, et pouvoir jouir pleinement du libre exercice de tous ses membres. Il devra surtout n'être atteint, ni de *surdité*, ni de *myopisme* ou de *presbytisme*, ni enfin d'*aucune affection cérébrale ou autre*, capable de priver subitement l'homme du libre usage de ses facultés; il devra, en outre, posséder les premiers élémens d'instruction que doit avoir reçu tout ouvrier destiné à exercer une profession qui réclame de l'intelligence, et être choisi parmi les ajusteurs mécaniciens reconnus capables, actifs, de bonne conduite, et surtout d'une sobriété à l'abri de tout reproche.

ARTICLE 2.

Tout candidat devra justifier à l'aide de certificats authentiques et dûment légalisés :

1° Qu'il a fait son temps d'apprentissage comme *ajusteur mécanicien,* et qu'il a travaillé pendant une année au moins, en qualité d'*ajusteur monteur* dans un atelier de construction ou de réparation de machines locomotives, *au montage de ces mêmes machines.*

2° Qu'il a été occupé pendant environ six mois en qualité d'*élève mécanicien conducteur,* et qu'il a rempli les fonctions de *chauffeur.*

ARTICLE 3.

Tout candidat devra être en état de répondre oralement aux différentes questions qui pourront lui être adressées par les ingénieurs examinateurs:

1° Sur les instructions générales que doit posséder tout mécanicien conducteur concernant son service envers la compagnie, ainsi que la conduite de sa machine, soit dans les stations ou sur la voie.

2° Sur toutes les pièces dont se composent une locomotive et son tender, ainsi que sur les rapports et les fonctions qui existent entre ces mêmes pièces; en un mot, il devra pouvoir faire une analyse succincte et raisonnée de tout le mécanisme d'une locomotive; mais surtout bien étudier, afin de pouvoir les définir le mieux possible, la position des manivelles et des excentriques par rapport aux positions correspondantes et respectives de leur piston et de leur tiroir; ainsi que les effets produits par l'emploi de l'échappement, et de la détente variables; etc;

3° Sur les soins que le mécanicien doit apporter à la combustion, à la vaporisation et à l'alimentation;

4° Sur l'inspection que le mécanicien doit faire des matières premières, des outils et de la machine, lorsqu'il est porté de service;

5° Sur les soins que le mécanicien doit apporter à sa machine, ainsi que les devoirs qu'il a à remplir, depuis son départ jusqu'à son arrivée;

6° Enfin, sur les différens cas d'accidens

qui peuvent se déclarer pendant la circulation, et les moyens d'y remédier autant que les circonstances le permettront.

ARTICLE IV.

Tout mécanicien conducteur, avant d'être admis à travailler comme tel sur une ligne, devra connaître de mémoire :

1° La position métrique ou linéaire de toutes les stations, des passages à niveau les plus fréquentés, des aiguilles et des croisemens de voie, des courbes à court rayon, des ponts fixes et mobiles, des tunnels, des viaducs, des plans inclinés les plus rapides, ainsi que des plus fortes pentes qui sont sur chaque voie et qui appartiennent à cette ligne (1).

(1) Chaque compagnie devrait, lorsqu'elle a admis à son service un mécanicien ou un élève, donner à celui-ci le jour même de son engagement, une carte représentant le profil de la ligne, ainsi qu'un tableau indiquant, pendant l'allée et le

2° Le réglement de cette ligne concernant les mécaniciens et les chauffeurs.

3° Enfin, les instructions relatives aux signaux et disques-signaux de cette même ligne.

retour, et sur chaque voie de gauche en partant de chaque station extrême, les distances métriques de tous les points spécifiés dans l'article IV, afin qu'il pût étudier et connaître de mémoire avant de circuler sur la ligne, la position respective de chacun de ces points, dont la connaissance est pour lui indispensable, tant pour la régularité de la marche de son train, que pour éviter tout accident. En effet, il doit en être d'un mécanicien conducteur comme d'un pilote ; le gouvernement n'admet celui-ci à conduire ou à piloter un bâtiment que lorsqu'il a passé un examen, et qu'il a prouvé qu'il connaît de jour comme de nuit les signaux et les points de repères des parages dangereux qu'il doit parcourir ; or, dans un chemin de fer, le pilote c'est le mécanicien ; ce dernier doit donc, avant d'être admis à circuler sur une ligne, prouver qu'il connaît de mémoire, tous les incidens et les passages de cette même ligne, ou autrement dit, la position métrique de tous les points précités dans l'article IV.

PREMIÈRE PARTIE

INSTRUCTIONS GÉNÉRALES.

Quelles sont les instructions générales que doit posséder le mécanicien conducteur concernant son service personnel envers la compagnie, et la conduite de sa machine dans les stations ou sur la voie?

Parmi les instructions générales qui ont été publiées par diverses compagnies, sur l'exploitation des chemins de fer, tant en France, en Angleterre qu'en Allemagne, nous avons extrait, et quelquefois modifié, celles qui nous ont paru pouvoir être appliquées avec utilité au service des mécaniciens conducteurs ; nous les avons classées avec les nôtres dans l'ordre suivant :

1. Les mécaniciens, les élèves et les chauffeurs devront, pendant leur service, apporter dans la conduite de leur travail, tout le zèle et l'activité que réclament les occupations respectives que chacun d'eux est appelé à faire. Ils devront également, avec la soumission à-la-fois respectueuse et digne qu'ils doivent apporter dans leurs relations avec leurs chefs, mettre toute la célérité possible dans l'exécution des ordres qu'ils recevront, tant des ingénieurs, des chefs de dépôts et des chefs d'ateliers, que de toute personne qui, par sa position dans l'exploitation ou la traction, serait appelée à les commander. Ils devront, enfin, se conformer aux réglemens généraux et disciplinaires établis par leur

compagnie dans les différentes branches de leur service.

2. Les mécaniciens, les élèves et les chauffeurs devront, en ce qui concerne la durée de leur journée de travail sur la ligne, se conformer aux heures ordinaires de service fixées dans chaque dépôt de machines pour le départ des trains, soit de voyageurs, soit de marchandises ; néanmoins, toutes les fois que des cas extraordinaires le réclameront, les mécaniciens et les chauffeurs seront tenus de marcher en dehors de ces mêmes heures de service. Ils devront également, lorsqu'ils seront employés dans les dépôts de machines, ou dans les ateliers de réparation, se conformer aux réglemens qui y sont établis, concernant les heures d'entrée et de sortie des travaux.

3. Le mécanicien et le chauffeur portés de service seront chargés de la conduite

et de l'entretien de la machine qu'on leur a confiée; machine qui, lorsqu'elle est allumée, ne doit jamais rester seule, et que le mécanicien et le chauffeur ne devront jamais abandonner pendant le service actif, dans aucun cas, ni aucune circonstance, même en cas de péril imminent.

4. Le mécanicien est responsable de toutes les manœuvres de sa machine, même de celles que, par son autorisation, l'élève ou le chauffeur pourrait exécuter.

5. L'élève ou le chauffeur est chargé du nettoyage de la machine et du tender, de la manœuvre du frein de ce dernier, ainsi que du service de chauffage, et doit exactement suivre tous les ordres du mécanicien.

6. Toutes les fois qu'un mécanicien aura sous ses ordres un élève, il devra le mettre de la manière la plus complète au courant du service, notamment pour tout

ce qui concerne la combustion, la vaporisation et l'alimentation, ainsi que pour la conduite d'une machine; en un mot, faire tout ce qui dépendra de lui pour que cet élève arrive, aussi promptement que possible, à posséder les connaissances pratiques qui lui sont nécessaires pour diriger en connaissance de cause, sûreté et économie, la conduite d'une locomotive.

7. Tout mécanicien, avant d'employer en qualité de chauffeur un homme qui n'en aurait pas encore rempli les fonctions, devra lui enseigner : 1° à ouvrir et fermer le régulateur; 2° à placer le levier de changement de marche de manière à pouvoir faire avancer, reculer ou arrêter la machine; 3° à connaître la hauteur minimum, moyenne et maximum du niveau de l'eau de la chaudière; 4° à ouvrir et fermer les robinets ou les soupapes des

prises d'eau du tender; 5° à serrer et desserrer le frein de ce dernier; 6° à pouvoir jeter le feu bas.

8. Dans tout ce qui est relatif au mouvement des machines et des trains, le mécanicien et le chauffeur se conformeront aux ordres des inspecteurs, des chefs de mouvemens, des chefs de gare et des chefs de train.

9. Le mécanicien devra se conformer immédiatement et en toute circonstance à tous les signaux qui lui seront transmis, qu'il en comprenne ou non les motifs, par les divers agens de la compagnie préposés à cet effet.

10. Le mécanicien devra constamment porter avec lui les signaux de jour et de nuit, et veiller avec soin à ce que toutes ses lanternes soient toujours préparées pour l'allumage, et rendues sur sa machine avant l'heure de son départ; il de-

vra en route les allumer assez tôt pour n'être pas surpris par la nuit.

11. Tout signal de n'importe quelle couleur, violemment agité en tous sens, ou un drapeau rouge planté au milieu de la voie par où arrive la machine, indique qu'il y a danger, et le train doit par conséquent être arrêté immédiatement.

12. L'arrêt du train dépend entièrement du mécanicien ; s'il demande l'assistance des freins pour arrêter le convoi, il devra faire entendre deux coups de sifflet brefs et saccadés, qui ordonnent aux conducteurs de serrer les freins aussi promptement que possible, et pour les faire desserrer, le mécanicien donnera un seul coup de sifflet.

13. Le mécanicien sera mis en communication avec les conducteurs gardes freins, soit au moyen d'un cordon qui correspondra à un timbre placé sur le tender,

soit à l'aide de tout autre moyen. Lorsque le mécanicien entendra le bruit du timbre ou de tout autre objet remplissant le but de ce dernier, il jettera rapidement un regard sur l'arrière de son train afin de s'assurer si c'est une partie de ce dernier qui s'est détaché, et dans ce cas, il continuera sa marche, en faisant l'application de l'article (20); dans le cas contraire, il arrêtera immédiatement le train par tous les moyens à sa disposition.

14. Lorsque, par un temps de fort brouillard, le mécanicien entendra l'explosion d'une cartouche fulminante, il devra immédiatement arrêter sa machine, car cette cartouche aura été placée sur les rails par un garde ou cantonnier demandant le signal d'arrêt.

15. Lorsque deux trains se croiseront, les mécaniciens devront, toutes les fois qu'il y aura possibilité, et afin de s'éclai-

rer mutuellement sur l'état du chemin qu'ils viennent de parcourir, tendre leur bras droit *horizontalement*, pour indiquer que la ligne est en parfait état, ou le placer *perpendiculairement, et en haut*, pour indiquer que quelque chose d'extraordinaire a lieu sur la ligne : tel qu'un dérangement accidentel dans la voie, une machine ou un train arrêté par accident, des voitures laissées sur la voie par suite de rupture de chaînes, etc., obstacles qui réclament son attention.

16. Afin de signaler ce dernier cas pendant la nuit, le mécanicien se servira de sa lanterne de niveau d'eau, en présentant au mécanicien qui vient à sa rencontre le côté du verre soit rouge, vert ou blanc, selon le signal adopté par la compagnie.

17. Le mécanicien devra faire une étude particulière de tous les signaux et points

de repaire placés près des stations et sur la ligne; mais la nuit surtout, par un temps noir ou brumeux, où il a le plus grand besoin de connaître exactement sa position, il devra s'attacher à reconnaître les signaux, les feux et les points remarquables appartenant à telle ou telle station, ainsi qu'à tel ou tel point de la ligne.

18. Le mécanicien, afin de prévenir tout accident, ne devra jamais exécuter un mouvement quel qu'il soit, en avant ou en arrière, dans les stations, comme sur la ligne, au repos pour changer de place, en voyage pour changer sa marche, sans avoir préalablement signalé son mouvement par un coup de sifflet; avant de quitter une gare ou une station, il laissera toujours un intervalle de quelques secondes entre son coup de sifflet et le départ.

19. Tout mécanicien une fois en route se tiendra debout sur la plate-forme de la

locomotive, à portée de la manette du régulateur et du lévier de changement de marche, et le chauffeur sur le tender, à proximité de la manivelle du frein. Tous deux veilleront attentivement à l'état de la voie, du train et des signaux qui pourront leur être faits par les agens de surveillance de la voie et du train. Ils devront, pendant la durée du trajet, et à plusieurs reprises, examiner l'état de leur train afin de s'assurer s'il est au complet.

20. Dans le cas où une partie du train viendrait à se détacher, le mécanicien devra toujours conserver un intervalle d'environ 200 mètres entre les deux parties du train jusqu'à ce que la partie détachée soit tout-à-fait arrêtée ; il vérifiera lui-même, avant de partir, la nouvelle attache.

21. Le mécanicien devra faire usage de son sifflet à l'approche des stations, près des barrières de passages de niveau, des

aiguilles et des croisemens de voie, des courbes, des ponts, des viaducs, à l'entrée, vers le milieu et la sortie des tunnels, et, enfin, lorsque deux machines seront près de se croiser.

L'application de cet article devient plus particulièrement nécessaire pendant la *nuit*, le *brouillard*, la *neige* ou une *pluie violente* (1).

22. Dans le cas où le mécanicien apercevrait quelque obstacle ou quelque personne sur la voie, il devra, si la personne ne se dérange pas après ses coups de sifflet, employer tous les moyens en son pouvoir pour arrêter le train.

(1) Les compagnies dans lesquelles les mécaniciens donnent une dizaine de coups de sifflet et quelquefois plus, soit pour faire desserrer les freins, soit pour annoncer l'approche du train, devraient donner des ordres pour que cela ne se renouvelât plus ; car ces nombreux coups de sifflet sont désagréables pour les voyageurs, et, en effrayant les animaux, occasionnent souvent d'assez graves accidens.

23. Le mécanicien modérera la marche de son train, surtout dans les temps *brumeux* et *neigeux*, près des passages de niveau, dans les courbes où la vue est limitée, près des aiguilles et des croisemens de voie, des tunnels, des viaducs, des ponts, et surtout des *ponts mobiles*, ainsi que dans les endroits où la voie a éprouvé des dénivellations, et à la descente des pentes. Le mécanicien veillera, près de ces différens passages, à ce que le chauffeur se trouve prêt à serrer le frein, de manière à pouvoir arrêter le train si les circonstances l'exigeaient.

24. Le mécanicien devra, chaque fois qu'il descendra un plan incliné, dont la pente sera telle que le train circulera sans vapeur à une vitesse de 35 à 40 kilomètres à l'heure, faire employer les freins pour modérer la vitesse du convoi.

25. Le mécanicien devra diriger sa ma-

chine, de manière à ce que la vitesse en soit régulière et sensiblement uniforme ; il devra arriver dans les délais qui lui sont prescrits, sans cependant exagérer sa vitesse, ce qui lui est expressément interdit pour regagner le temps perdu.

Toute avance de plus de cinq minutes sera sévèrement punie ; comme aussi tout retard non justifié entraînera à une retenue; et s'il peut être attribué à la négligence du mécanicien, celui-ci sera passible d'une amende fixée par l'ingénieur du matériel.

26. Le mécanicien devra redoubler d'attention toutes les fois qu'il conduira des *trains spéciaux* sortant du cadre du service ordinaire, et devra, lorsqu'un train sera arrêté sur la voie parallèle pour y déposer ou prendre des voyageurs, ralentir sensiblement sa vitesse, et arrêter tout-à-fait, s'il aperçoit que la voie est embarrassée.

27. Le mécanicien devra, à 500 mètres au moins avant l'entrée dans les gares principales, et avant les aiguilles de changement de voie, fermer le régulateur de sa machine et ralentir la marche, afin que le train passe lentement sur les aiguilles.

28. Pour l'entrée dans les gares principales, le ralentissement doit être assez complet pour que le mécanicien soit toujours obligé de rouvrir le régulateur pour parvenir jusqu'à la limite indiquée sur le trottoir d'arrivée.

29. En arrivant aux stations intermédiaires, le mécanicien doit ralentir assez tôt sa vitesse pour ne point dépasser la station ; il ne doit faire usage de la marche à contre-vapeur que le plus rarement possible.

30. Toutes les fois que le mécanicien apercevra sur l'autre voie et en dehors des

stations, un train arrêté, ou enveloppé par de la vapeur, il devra s'arrêter lui-même et s'informer du motif de l'arrêt pour en rendre compte immédiatement au chef de la gare où il se rend; comme aussi il devra, dans le cas où quelque chose d'extraordinaire au service aurait lieu sur la voie et nécessiterait l'arrêt du premier train venant à sa rencontre, en informer de suite les mécaniciens des trains qu'il pourrait croiser, avant d'arriver à la première station, et aussitôt son arrivée à ce point, en donner également connaissance au chef de gare.

31. Lorsqu'un mécanicien aura devant lui un train ou une machine, il devra s'en tenir à une distance de 1000 à 1,200 mètres environ, et ralentir sa vitesse, s'il le perd de vue dans les courbes.

Dans le cas où le train retardé marcherait très lentement, ou s'arrèterait complétement, le mécanicien ne devra s'en approcher qu'avec les plus grandes précautions. La nuit, surtout, le mécanicien devra *redoubler d'attention*, et être constamment sur ses gardes.

32. Comme tous les trains doivent invariablement circuler sur la voie de gauche, le mécanicien, dans aucun cas, ne fera rétrograder un train sans avoir reçu un ordre écrit, soit du chef de gare ou de l'inspecteur du train.

33. Dans le cas où le mécanicien verrait un train prendre la droite et venir à sa rencontre, il devra aussitôt lui faire avec le sifflet, le signal d'arrêt, et reculer jusqu'à ce que l'autre ait cessé de marcher.

34. Le mécanicien évitera, autant que possible, de circuler sur la ligne avec son tender placé en avant, et lorsque les circonstances l'y forceront, il ne devra jamais

dépasser une vitesse de 20 à 25 kilomètres à l'heure.

35. Quand deux ou plusieurs machines seront placées à la tête d'un train, c'est le mécanicien qui sera le premier en tête qui réglera la marche du train; c'est lui qui ouvrira son régulateur le premier et le fermera le dernier; l'autre mécanicien devra agir d'après ses manœuvres, et surtout fermer son régulateur à la descente des pentes; comme aussi le mécanicien de la seconde machine ne devra ouvrir son régulateur que lorsque tout le train sera en mouvement. Un coup de sifflet bref donné par la première machine, indique qu'il faut fermer le régulateur des autres machines.

36. Le mécanicien ne devra jamais admettre aucune personne sur sa machine, à moins qu'elle n'y soit régulièrement autorisée par écrit, soit par les administra-

teurs directeurs, les ingénieurs ou le chef du matériel; et il ne pourra y avoir, en même temps, plus de quatre personnes sur la machine. Le mécanicien et le chauffeur devront s'abstenir, pendant la marche, de toute conversation avec les personnes placées sur la machine.

37. Le mécanicien ne devra sous aucun prétexte, pour obtenir une plus forte pression, déranger les points d'arrêts de la balance des soupapes de sûreté; comme aussi il ne devra dans aucun cas, sous prétexte de faciliter le tirage, enlever ou dégrader le cendrier placé sous le foyer, ni la grille placée sur la cheminée, pour retenir les flammèches.

38. Le mécanicien conduisant une machine isolée, sans train, ne devra jamais dépasser la vitesse d'un train, à moins d'ordres spéciaux; et lorsqu'il ira au service d'un train, il devra marcher avec la

plus grande prudence et être toujours en état de s'arrêter dans la limite de voie qui lui paraîtra libre.

39. Si, pendant la marche, il survient un accident au mécanicien, le chauffeur fermera le régulateur et serrera les freins; puis, le train arrêté, prendra les ordres du chef du train.

40. Le mécanicien ne devra pas faire circuler sa machine sur la voie principale pour alimenter sa chaudière; il ne le fera qu'aux points où se trouvent des galets destinés à cet usage, ou sur des voies d'évitement.

41. Lorsqu'un mécanicien arrivera dans une gare, il devra conserver à la vapeur une tension suffisante pour lui permettre d'arrêter promptement, ou de repartir immédiatement, si le service le demandait.

42. Dans le cas où la machine devra y stationner, le mécanicien et le chauffeur

ne pourront s'absenter en même temps pour prendre leur repas, à moins qu'il n'y ait un chauffeur de gare, spécialement chargé du soin des machines en service. Ils devront être de retour avant l'heure du départ du train, dans les délais fixés par les ordres de service.

43. Lorsqu'une machine stationnera dans une gare, le mécanicien veillera d'une part, à ce que le régulateur soit fermé, le lévier de changement de marche au point mort, et le frein du tender serré; et, d'autre part, à ce que l'élève ou le chauffeur nettoie la machine ; il travaillera lui-même à l'entretien du mécanisme dans ses parties les plus essentielles.

44. La machine de réserve est confiée dans chaque dépôt, à un mécanicien et à un chauffeur qui ne devront pas s'absenter en même temps pendant la durée du service; l'un des deux devra constamment

rester chargé de la surveillance de la machine, qui doit toujours être en état de partir et avoir un approvisionnement suffisant de coke, d'eau et d'huile. Elle devra en outre porter tous les ustensiles prescrits pour les machines en marche.

45. A chaque rentrée que fera le mécanicien, soit dans une station ou dans son dépôt, il devra se rendre près du chef de dépôt ou du chef d'atelier pour l'informer de l'état de la machine qu'il vient de conduire, et de ce qu'il aurait pu voir d'extraordinaire sur la ligne concernant la rupture des rails, ou les affaissemens du sol et de la voie. Il devra également signaler les postes qui auraient été abandonnés par leurs gardes.

46. Tout mécanicien, élève ou chauffeur qui, désigné pour un service, ne se trouvera pas à son poste à l'heure fixée, ou qui se sera mis en contravention en

n'exécutant pas les articles ci-dessus spécifiés, sera passible d'une amende déterminée par l'ingénieur du matériel, amende qui pourra être doublée ou triplée chaque fois qu'il y aura eu récidive de sa part.

47. Tout mécanicien, élève ou chauffeur, trouvé en état d'ivresse pendant les heures de service, ou même sur la gare ou ses dépendances, sera immédiatement renvoyé et puni suivant la loi.

48. Les mécaniciens, les élèves et les chauffeurs resteront soumis à l'autorité judiciaire, en ce qui les concerne respectivement, pour les cas de coalition ou pour tout accident résultant de leur imprévoyance ou de leur négligence, et les peines ou amendes qu'ils pourront subir pour l'une ou pour l'autre cause, seront tout-à-fait distinctes et indépendantes de celles que pourront leur infliger leur compagnie.

DEUXIÈME PARTIE.

COMBUSTION.

Quels sont les soins que le mécanicien doit apporter à son feu pour avoir constamment une excellente combustion ?

Le mécanicien doit savoir qu'une bonne combustion est le seul moyen d'obtenir une abondante vaporisation, et que, pour y parvenir, le tirage et le maintien de son feu sont pour lui deux conditions importantes et qu'il ne devra pas oublier un seul moment.

49. En ce qui concerne le chargement

de son feu, le mécanicien fera disposer le combustible de manière à ce qu'il soit également réparti sur la grille du foyer (les coins de ce dernier surtout bien chargés), jusqu'à la hauteur des premiers tubes; à partir de cette démarcation, le combustible qu'il fera de nouveau introduire dans le foyer devra être placé en face des tubes, à une distance approximative d'environ 30 centimètres de ces derniers; il sera en outre disposé un peu en voûte et élevé aussi haut que le permettra l'entrée de la porte du foyer. Le feu ainsi disposé, tout en permettant aux rayons de la flamme de se bien développer, déterminera une excellente réverbération dans l'intérieur du foyer, et chauffera d'une manière parfaite l'eau contenue entre les enveloppes de la boîte à feu.

5o. Le mécanicien devra faire recharger son feu aussitôt qu'il aura parcouru, à partir du point de départ, une distance de 2 à 3 kilomètres environ; car, pendant cette courte, mais surtout première distance franchie, le feu qui a été fait et préparé pendant le repos dans la station se sera assez fortement affaissé. Il devra, comme règle générale, ne pas laisser tomber son feu trop bas, parce qu'alors il se trouverait obligé, pour rétablir le niveau ordinaire du combustible dans le foyer, d'introduire dans ce dernier une assez grande quantité de coke, ce qui nécessiterait l'ouverture fréquente de la porte du foyer, par laquelle pénétrerait évidemment et à chaque reprise, l'introduction d'une certaine quantité d'air froid qui, joint à l'état du coke récemment introduit, ainsi qu'à la lenteur que ce dernier met à s'allumer, produiraient un abaissement dans la température du foyer, et un ralentissement sensible dans la production de la vapeur.

51. Le mécanicien devra également, afin de déterminer plus promptement l'inflammation du coke, et pour éviter autant que possible, tout refroidissement dans la vaporisation, ne pas oublier, pendant l'action du chauffage, de fermer les pompes et l'échappement.

52. Le mécanicien veillera en ce qui concerne l'introduction du coke dans le foyer, à ce qu'elle se fasse aussi rapidement que possible, et que la porte du foyer soit immédiatement refermée après chaque pellée de coke introduit; il veillera également à ce que le chauffeur charge sa pelle aussi complétement que possible, afin d'accélérer l'opération de la recharge du feu, et qu'il ne jette pas dans le foyer de menus fragmens de coke qui, emportés par la force du tirage, iraient se placer à l'entrée des tubes, et y intercepteraient le passage de la flamme et de l'air chaud.

Le mécanicien devra se garder de faire jeter ces fragmens de coke sur la ligne, mais en cas de nécessité, il s'en débarrassera aux stations où il prendra son coke.

53. L'intervalle qui doit exister pendant la marche entre chaque nouvelle introduction de coke dans le foyer varie, non-seulement en raison du poids et de la vitesse du convoi, mais encore en raison de l'état de l'atmosphère : ainsi, avec un convoi composé de 8 à 10 voitures allant à une vitesse de 30 à 32 kilomètres à l'heure (arrêts compris), et par un temps calme, circonstances qui sont favorables pour marcher en employant presque toujours la détente, l'expérience a démontré que, pour arriver à la plus grande économie de combustible, il ne convient de recharger le foyer qu'après chaque parcours moyen de 12 kilomètres; tandis qu'au contraire, avec un convoi com-

posé de 12 à 15 voitures circulant à une vitesse de 40 kilomètres à l'heure (arrêts compris), et avec un vent contraire à la marche, le mécanicien est dans la nécessité, pour satisfaire à la consommation de la vaporisation, de recharger son foyer après chaque parcours compris entre 6 et 8 kilomètres.

54. Le mécanicien veillera pendant la marche, à ce que la couche de combustible dans le foyer arrive, avant comme après chaque recharge, à une hauteur à-peu-près constante, et que le coke ne soit jamais lancé ni placé trop près des tubes, afin de ne pas intercepter le passage de la flamme dans ces derniers.

55. Le moment le plus favorable pour le chargement du feu est celui où le niveau de l'eau est plutôt haut que bas, où la vapeur s'échappe légèrement des soupapes, et enfin, celui où la machine mar-

che à une assez bonne vitesse; le moment le plus défavorable est celui où chacun des points précités se trouve placé dans des conditions contraires.

56. Le mécanicien devra toujours éviter, pour ne pas faire tomber trop brusquement la pression de la vapeur, de charger son feu et d'alimenter sa chaudière en même temps.

57. Tout mécanicien doit savoir qu'après chaque parcours compris entre 30 et 40 kilomètres, ou autrement dit à chaque station où l'on fait généralement de l'eau, il est indispensable pour établir un bon tirage, et de là obtenir une excellente combustion, que le feu soit bien piqué, et que les viroles et les extrémités des tubes qui donnent dans le foyer soient parfaitement balayées et nettoyées.

Il devra également se rappeler qu'une des conditions indispensables pour que le tirage s'effectue bien, c'est qu'il n'existe aucun passage d'air, ni dans la boîte à fumée ni à la cheminée; il devra donc bien s'assurer que les portes de la boîte à fumée, ainsi que la porte par où s'échappent les cendres, sont hermétiquement fermées; dans le cas contraire il devra fermer provisoirement avec du mastic de minium les passages qui donneraient entrée à l'air.

58. Le talent du mécanicien, relativement à la combustion, est de savoir disposer et préparer à l'avance un feu très ardent pour le moment où il prévoit avoir besoin d'un excédant de vapeur : tel que pour la montée d'un plan incliné, soit avec un convoi fortement chargé, ou par un très grand vent de côté; dans ce cas, et lorsque la machine commencera à tirer fortement, il faudra que son feu soit régulièrement alimenté jusqu'au moment

où il sera sur le point d'arriver au sommet du plan, où il pourra alors commencer à le laisser tomber.

59. Dans le cas où le mécanicien aurait laissé tomber son feu trop bas, il devra diminuer l'ouverture du régulateur, afin d'émettre moins de vapeur, et jeter graduellement et à plusieurs reprises du coke dans le foyer, jusqu'à ce que son feu ait atteint sa hauteur ordinaire, et soit en bonne combustion.

60. Le mécanicien cessera de faire introduire du coke dans le foyer à une distance de 12 à 20 kilomètres, selon la charge de son convoi, des rampes ou des pentes qu'il aura à parcourir avant d'arriver à sa dernière station; de manière à ce que son feu soit aussi bas que possible, tout en conservant cependant la pression nécessaire pour arriver convenablement.

61. Toutes les fois que, pendant la mar-

che, le mécanicien se trouvera dans l'obligation de jeter son feu bas, il dételera le tender et se rendra à 25 ou 30 mètres du train pour faire tomber son feu; il prendra soin de l'étendre sur la voie pour l'éteindre le plus promptement possible, et fera remettre les barreaux du foyer sur le tender; il reviendra ensuite se mettre en tête du convoi, et attendra l'arrivée de la machine de secours.

62. Le mécanicien ne devra dans aucun cas jeter son feu bas en marchant, afin d'éviter d'une part, que des barreaux en tombant se placent en travers de la voie et occasionnent un déraillement; et, d'autre part, pour empêcher que des parcelles ou des morceaux de coke embrasés, soient enlevés et projetés sur quelque partie des wagons, ce qui pourrait occasionner un incendie ou tout autre accident.

TROISIÈME PARTIE.

VAPORISATION.

Quels sont les soins que le mécanicien doit apporter à la vaporisation ainsi qu'à la tension de la vapeur, pour qu'elles puissent toujours fournir, et au-delà, aux besoins de la machine ?

63. La création et la production de la vaporisation, ainsi que le maintien constant de la tension de la vapeur, sont deux objets qu'il importe au mécanicien de bien connaître.

Lorsque le combustible est allumé, l'air chaud et le calorique rayonnant qui s'en échappent vont frapper les diverses parois du foyer, du ciel, et de la surface intérieure des tubes, et transmettent la chaleur à la première couche d'eau qui touche les parois extérieures de ces mêmes objets ; parois qui sont et doivent être constamment enveloppées par l'eau, qui devient plus légère au fur et à mesure qu'elle augmente en température, et qui se détachant en globules, s'élève à la surface après avoir traversé toute l'épaisseur de la couche d'eau, et est remplacée par de nouvelles couches qui agissent ainsi que les premières.

Par suite de ce mouvement de continuité, il s'établit un courant tel que la partie supérieure descend par son propre poids et remplace toutes les autres molécules d'eau qui se sont élevées à la surface ; le mouvement ainsi donné se continue jusqu'à ce qu'il soit arrivé à une température d'ébullition correspondante à la pression à laquelle on travaille, c'est-à-dire à 153 degrés si la pression est de 5 atmosphères.

64. Il arrive assez souvent que des molécules d'eau, en assez grande quantité, sont entraînées par la vapeur lorsqu'elle se rend dans les cylindres, et de là, s'échappent par le tuyau éducteur en faisant *primer* la machine.

Les causes peuvent en être attribuées :

1° A la trop grande quantité d'eau contenue dans la chaudière, eau qui se trouvant trop près du tuyau de prise de vapeur, est entraînée dans le conduit de ce dernier par la vitesse même de la vapeur.

2° A l'introduction dans la chaudière de certains corps gras qui se mélangent avec l'eau, et produisent une quantité assez considérable de bulles composées d'eau et de graisse qui, se trouvant mêlées avec la vapeur, sont également entraînées par elle.

3° A ce que le régulateur est trop grandement ouvert, ce qui tend à faire diminuer la pression, et à augmenter d'une manière considérable l'intensité de l'ébullition qui, devenant par trop forte, chasse dans la vapeur une assez grande quantité de bulles d'eau.

4° Enfin, à ce que dans certaines machines où le dôme n'est ni assez élevé, ni assez spacieux et se trouve placé au-dessus du foyer, la vapeur est entraînée avec une telle rapidité, qu'elle n'a pas le temps de se sécher, et que les molécules d'eau qu'elle renferme ne pouvant en être dégagés assez promptement, sont également emportés avec elle dans les cylindres.

Toutes les fois donc que le mécanicien verra s'échapper du tuyau éducteur une quantité d'eau plus ou moins forte, c'est un signe que les effets de l'une des causes précitées existeront dans la chaudière; il devra, pour remédier aux trois premiers cas, fermer immédiatement et complétement son régulateur, car, par cette action, il suspendra, d'un côté, l'émission de la vapeur et augmentera la pression, de manière à arrêter l'intensité de l'ébullition, et à combattre la pression résultant de cette dernière; et, d'un autre côté, il laissera à la vapeur, avant de se rendre dans les cylindres, le temps de se débarrasser de l'eau qu'elle pourrait renfermer; concernant le quatrième cas, le mécanicien n'y peut rien; c'est une addition de tôles au tuyau de prise de vapeur, ce qui est du ressort des ateliers.

Le mécanicien devra donc, 15 ou 20 secondes après avoir intercepté la vapeur, ouvrir de nouveau son régulateur et le placer, par le tâtonnement, dans la position la plus convenable pour remédier à l'inconvénient précité et satisfaire en même temps à la vitesse de son train.

65. Le mécanicien qui, soit en partant, soit pendant la circulation, donnerait au régulateur le maximum de son ouverture dans le but d'obtenir le maximum de vitesse, ou de force de traction, sous la plus forte charge que la machine peut produire, tomberait dans une grave erreur; car dans ce cas, il y a une absorption de vapeur telle, que le maximum d'effet utile que l'on peut en attendre est loin de s'obtenir en pratique avec elle; en effet, aussitôt que le régulateur est complétement ouvert, la vapeur qui s'en échappe avec abondance pour se rendre dans les boîtes à vapeur, entraîne avec elle une très forte quantité d'eau, et diminue en très peu de temps le volume de cette dernière, et à un point tel que l'alimentation en devient assez difficile pour que la vaporisation ne puisse produire une quantité de vapeur et à une tension suffisante à celle qui est

absorbée par les cylindres, lorsque la machine circule, surtout à une très grande vitesse.

66. Le mécanicien devra faire une étude spéciale de son régulateur, non-seulement en ce qui concerne la position du lévier, par rapport à l'ouverture du tiroir ou du disque du régulateur qui, très souvent, soit par un montage défectueux ou un dérangement quelconque, ne se trouve ni bien réglé, ni en correspondance respective avec la position indiquée extérieurement par le lévier; mais encore, en ce qui concerne l'ouverture qu'il doit donner au tiroir ou au disque, en raison du maximum d'effet utile que peut produire la machine, par rapport à l'obtension d'une vaporisation continue et plus que suffisante aux forces et aux besoins de la machine.

67. Le mécanicien devra aussi lubrifier

les différentes pièces de son régulateur, de manière que le lévier de celui-ci puisse toujours s'ouvrir et se fermer avec la plus grande facilité; comme aussi le mécanicien devra, dans le cas où le régulateur étant complétement fermé, laisserait arriver de la vapeur dans les cylindres, avoir le soin, dans les stations, de placer son lévier de changement de marche au point mort, et de faire serrer le frein du tender, afin que la machine ne pouvant se mouvoir par elle-même, pût empêcher tout accident; il devra en outre signaler ce cas aussitôt sa rentrée au dépôt. Il est arrivé des accidens graves que l'on peut attribuer à cette cause.

Le mécanicien qui saura faire, en temps et lieu, l'application des principes qui ont été prescrits, tant pour la combustion que pour l'alimentation, sera assuré de produire une vaporisation qui lui permettra d'avoir continuellement une pression uniforme, et de satisfaire largement aux besoins de sa machine.

68. Toutes les fois que la vaporisation fournira et au-delà, au travail de sa machine, le mécanicien élargira la section de l'échappement, afin de diminuer l'énergie du tirage, pour de là, réduire la consommation du combustible; comme aussi il devra régler la vaporisation de manière à ce que les soupapes laissent constamment échapper, et autant que faire se pourra, une très petite quantité de vapeur, qui lui servira en même temps et en quelque sorte, de manomètre pour sa pression; enfin, pour arriver à réduire, autant que possible, la consommation du combustible à ce but, ce que tout mécanicien intelligent doit toujours avoir devant les yeux, il fera usage de la détente le plus fréquemment possible, non-seulement à

la descente des plans inclinés, et sur la circulation des palliers, mais encore toutes les fois que la marche de sa machine sera régulière, et que le poids de son convoi sera assez léger, pour l'employer même à la montée de certains plans inclinés.

69. Lorsqu'il y aura abondance de vaporisation, outre la trappe de la boîte à fumée et l'échappement ouverts, le mécanicien pourra diminuer cet excès de pression, soit en introduisant de nouvelle eau dans la chaudière; soit en ouvrant les robinets réchauffeurs aussitôt que la machine sera arrêtée, pour augmenter la température de l'eau du tender; soit en profitant de cet excès de vapeur pour purger la chaudière en laissant échapper par le robinet de décharge, environ quelques centimètres d'eau qui entraînera avec elle une partie des dépôts terreux, puis alimenter immédiatement; soit, enfin, en

ouvrant la porte du foyer, ce qui ne doit se faire qu'à toute extrémité; car, dans ce dernier cas, il y a toujours une perte de calorique.

Lorsque au contraire il n'y aura pas assez de pression, le mécanicien diminuera l'ouverture du régulateur, dans le but d'émettre moins de vapeur et d'en augmenter la pression; il ralentira pendant quelques instans la vitesse de sa marche, afin de diminuer la consommation de la vaporisation, et augmentera progressivement la combustion dont l'activité croîtra, autant par la fermeture complète de l'échappement que par la vapeur qui s'en échappera, et qui aura acquis une plus forte pression; enfin, il laissera son échappement fermé jusqu'à ce que la vapeur ait atteint son degré de tension ordinaire.

70. Comme le mécanicien doit chercher par tous les moyens possibles à obtenir la

plus grande réduction dans la consommation du combustible, il devra toutes les fois que son train aura atteint sa vitesse régulière, fermer modérément l'ouverture du régulateur, ce qui ne ralentira pas la vitesse du train, puisqu'il a fallu un supplément de force pour l'amener à cette même vitesse, supplément qui doit être retranché une fois la vitesse acquise; mais ce qui apportera une diminution dans la vaporisation, et par conséquent dans la dépense du combustible.

71. Comme les soupapes mal entretenues et mal rodées laissent toujours échapper une certaine quantité de vapeur qui, si elle était économisée, réduirait également la consommation du combustible; le mécanicien devra donc, lorsque la vapeur s'en échappera , et d'une manière continue, presser et lever légèrement et à plusieurs reprises, leurs léviers pour s'as-

surer qu'il n'existe aucun corps étranger entre les soupapes et leur siége ; comme aussi, lorsque la machine ne sera pas de service, il les démontera pour s'assurer qu'elles portent bien sur leurs siéges, et pour, en même temps, voir si elles ne sont pas obstruées ou endommagées par des dépòts ou des dégradations qui ne leur permettraient pas de fonctionner avec toute l'économie désirable; dans ce dernier cas il les rodra avec tout le soin qu'elles réclament.

72. Pour que le mécanicien ait constamment des soupapes en parfait état, et qui ne laissent point échapper de vapeur par suite de leur défectuosité, il est nécessaire qu'il les démonte et les rode régulièrement, et selon la qualité de l'eau employée dans la chaudière, après chaque parcours compris entre 1200 et 1500 kilomètres.

QUATRIÈME PARTIE.

ALIMENTATION.

Quels sont les soins que le mécanicien doit apporter à l'alimentation pour qu'elle soit la plus régulière possible, et au maintien du niveau de l'eau, pour préserver la chaudière de toute espèce de détérioration?

73. L'alimentation encore plus que la combustion, réclame les soins les plus assidus et les plus réguliers de la part du mécanicien : toute négligence provenant de ce dernier dans le niveau de l'eau, soit qu'il le laisse tomber trop bas, et à plus

forte raison complétement; soit qu'ensuite par manque de sobriété ou par une négligence qu'on ne saurait trop fortement punir, il introduise de suite de l'eau dans la chaudière, il pourra en résulter, dans le premier cas, un coup de feu, ou la brûlure d'un certain nombre de tubes et d'une partie de la boîte à feu; et, dans le second cas, l'explosion de la chaudière.

Bien que ce dernier cas soit heureusement fort rare, plusieurs exemples néanmoins ont cependant eu lieu non-seulement en France, mais encore en Angleterre, en Allemagne, etc.

D'après de semblables résultats, dont les causes ne peuvent être généralement attribuées qu'à la négligence coupable des mécaniciens, ces derniers ne sauraient apporter une attention trop particulière et trop soutenue sur le niveau de l'eau, afin qu'il soit toujours, et autant que possible, plutôt haut que bas ; parce qu'ayant une assez forte quantité d'eau en ébullition, la pression de la vapeur sera moins exposée à éprouver un abaissement sensible pendant le chauffage ou durant l'alimentation; conditions avantageuses aussi, lorsqu'en marchant il se trouvera tout-à-coup arrêté, soit pour faire une légère réparation, soit pour tout autre cas imprévu.

74. L'admission de l'eau dans la chaudière peut se faire par une alimentation intermittente ou continue. Dans le premier cas, le mécanicien devra alimenter souvent et peu à-la-fois, dans le but de prévenir un abaissement brusque dans la tension de la vapeur ; il choisira de préférence, pour alimenter, les momens où il y a excès de vaporisation, ceux qui précèdent les arrêts aux stations, et enfin ceux où la machine circule sur la descente d'un

plan incliné, où la production de la vapeur dépasse généralement les besoins. Il devra éviter d'alimenter lorsque la machine circulera, soit sur une courbe, soit sur la montée d'une rampe (à moins de cas urgent), attendu que pour franchir ces divers passages, on a constamment besoin de toute la puissance de la vapeur, et que l'alimentation tend momentanément à la diminuer.

75. Le mécanicien devra, autant que possible, ne faire son alimentation que lorsque son feu sera rechargé et arrivé à un parfait état de combustion; comme aussi il devra, pendant l'alimentation, fermer son échappement, afin qu'en établissant un plus fort tirage, l'activité donnée à la combustion puisse compenser la condensation qui s'opère au moment de l'alimentation.

76. Le moment le plus favorable pour

l'alimentation est donc, non-seulement celui où la vapeur s'échappe avec assez de force des soupapes de sûreté, et où le feu est le plus vif, mais encore celui où la machine circule sur la descente d'un plan incliné; et, par contre, le moment le plus défavorable est celui où la pression de la vapeur, ainsi que le feu sont bas, et où la machine circule sur la montée d'une rampe ou sur une courbe.

77. L'alimentation continue est, sous plusieurs rapports, préférable à celle dont il vient d'être parlé, attendu qu'avec une pompe toujours ouverte et qui n'admet à-la-fois qu'une très faible quantité d'eau dans la chaudière, la température de l'eau renfermée dans cette dernière n'éprouvant pas de changemens brusques, la vapeur qui se trouve dans un état de pression en quelque sorte uniforme et permanent, permet à la machine de fonctionner et de

circuler avec une allure tout-à-fait régulière, avantage qu'il est presque impossible d'obtenir par l'alimentation intermittente; d'un autre côté, lorsqu'une pompe est constamment amorcée, fût-elle même en mauvais état, on peut encore, dans le cas de l'alimentation continue, s'en servir avantageusement.

78. Le mécanicien devra donc faire une étude de sa machine par rapport à la consommation d'eau qui lui est nécessaire pour circuler avec un train chargé de tel ou tel poids, et allant à telle ou telle vitesse ; puis s'attacher à faire l'application de l'alimentation continue qui, d'après les avantages qu'elle offre, doit être préférée à l'alimentation intermittente.

79. Toutes les fois que le mécanicien se servira d'une pompe, il devra l'essayer à l'aide de son robinet d'épreuve : lorsque l'eau s'échappera de ce robinet à des in-

tervalles réguliers, la pompe sera en bon état ; lorsque au contraire ce robinet laissera échapper de l'eau chaude ou de la vapeur, c'est que le clapet d'arrêt ne fonctionnera pas bien ; lorsque ce robinet aspirera de l'air, ou que l'eau qui s'en échappera sera continue et sans pulsation, ce sera la preuve que le clapet ou boulet d'aspiration, dans le premier cas, ne se sera pas détaché de son siége, et, dans le second, que quelque objet se sera interposé entre le boulet et sa cage ; enfin, lorsqu'il n'en sortira que peu ou point d'eau, il sera évident que des corps étrangers se seront placés dans les conduits ou entre les clapets et leur siége, ou que les orifices du tender seront fermés par les soupapes ou les bouchons qui se seront séparés de leurs tiges, etc.

Le mécanicien devra, dans le premier cas, ouvrir de nouveau et au moment du refoulement, le robinet d'épreuve, et, dans le second cas, l'ouvrir au moment de l'aspiration, tant pour s'assurer d'où part le mal, que pour remédier, autant que possible, aux causes qui interceptent le travail régulier de la pompe. Dans le troisième cas, il devra, aussitôt qu'il en trouvera l'opportunité, démonter et visiter les clapets de la pompe, pour remédier aux causes qui auront arrêté leur jeu.

80. Pour qu'un mécanicien puisse arriver à obtenir une alimentation bonne et régulière, il est indispensable que les garnitures des pompes, ainsi que les clapets, mais surtout ceux de refoulement et d'arrêt, soient toujours entretenus dans le meilleur état possible; tout dérangement dans ces différens objets a pour résultat de donner une alimentation vicieuse.

81. La connaissance du niveau apparent, ou du niveau vrai et exact de l'eau

dans la chaudière, sont deux objets dont les causes doivent être parfaitement connues du mécanicien.

L'élévation du niveau apparent est due d'un côté, à la diminution de pression par suite de l'écoulement de vapeur, et à l'enlèvement de l'eau quand surtout le régulateur se trouve placé dans le réservoir de la machine, où le mouvement de l'eau est le plus tumultueux; et, d'un autre côté, à l'augmentation du volume de l'eau qui est produite par le passage rapide des molécules de vapeur à travers cette même eau; ainsi on peut remarquer que les dénivellations qui ont lieu dans la chaudière, pendant la marche, sont dues, d'un côté, aux changemens de variations qui arrivent dans la tension de la vapeur, et que lorsque celle-ci monte ou descend, elle fait produire un résultat inverse dans le niveau de l'eau, qui alors descend ou monte dans le même temps ; d'un autre côté, aux brusques mouvemens d'arrêts qui sont déterminés par le serrage des freins, et qui impriment à la machine un mouvement de recul qui, par suite, donne à la masse liquide un mouvement de vagues de bout en bout.

La fermeture du régulateur, jointe à l'arrêt et à l'état de repos de la machine, donnent le niveau vrai de l'eau dans la chaudière; niveau qui est dû, tant à la cessation de tout écoulement de vapeur, qu'à l'augmentation de la pression : il en résulte donc que le moment le plus favorable pour juger de l'état exact et du vrai niveau de l'eau est celui où le régulateur est fermé et la machine arrêtée.

82. Le mécanicien ne devra pas tenir le niveau de l'eau par trop élevé, parce que, dans ce cas, une assez grande quantité d'eau se mêlerait à la vapeur, et serait entraînée avec elle dans les cylindres; ni par trop

bas, afin de ne pas exposer la boîte à feu et les tubes à être brûlés.

83. Le mécanicien ouvrira pendant la marche, et de loin en loin, le robinet de décharge, autant pour purger la chaudière que pour vérifier plus exactement l'état du niveau de l'eau; comme aussi il ouvrira également de temps à autre, dans le but de faire la même vérification, tantôt le robinet purgeur du tube du niveau d'eau, afin de chasser l'eau renfermé dans ce dernier, tantôt les robinets jauges de ce même tube.

84. Le mécanicien devra surtout ne pas oublier de laisser ouverts les deux robinets fixés aux extrémités du tube du niveau d'eau, celui d'en haut donnant passage à la vapeur, celui d'en bas passage à l'eau; car, dans le cas où l'un des deux, ou tous deux seraient fermés, le mécanicien serait évidemment induit en erreur sur le niveau

réel de l'eau, et il pourrait en résulter d'assez graves conséquences.

85. Le mécanicien devra surtout avoir le soin de tenir le niveau de l'eau plus élevé, lorsqu'il aura à franchir un point de la ligne où une forte puissance sera demandée, ou bien lorsqu'il sera sur le point de monter ou de descendre un plan incliné dont la pente sera assez forte ; il devra introduire à l'avance assez d'eau dans sa chaudière pour que l'extrémité des tubes et du ciel, en montant comme en descendant la pente, ne soient jamais à découvert; et afin d'arriver d'une manière certaine à ce résultat, il multipliera la longueur totale de la chaudière, par le chiffre de la pente, et augmentera la hauteur moyenne du niveau de l'eau , du produit résultant de la multiplication.

86. Le nettoyage d'une chaudière est, selon nous, de la plus grande importance :

1° Pour l'économie du combustible, ainsi que pour la prompte obtension de la vaporisation ; car, moins les parois de la boîte à feu et des tubes seront chargés de dépôts salins, plus la transmission de la chaleur se fera promptement, et moins par conséquent il faudra de combustible pour faire évaporer l'eau, et plus aussi la production de la vapeur sera rapide.

2° Pour prévenir toute espèce de coups de feu, ou toute brûlure de la boîte à feu. En effet, les dépôts terreux qui, lorsque la chaudière reste long-temps sans être nettoyée, se fixent sur les parois de la boîte à feu, deviennent tellement épais qu'ils ne permettent plus à ces mêmes parois d'être refroidies par l'eau, il en résulte donc qu'elles se rougissent, se déforment, se brûlent et reçoivent ce qu'on appelle généralement un *coup de feu*.

3° Pour la conservation des principales

pièces qui sont en contact avec la vapeur, telles que les tiroirs, les cylindres, les pistons, etc., car les matières terreuses qui sont dans la chaudière, rendant l'eau boueuse, il s'ensuit que la vapeur se trouve également chargée d'une partie de ces mêmes matières qu'elle entraîne avec elle dans les tiroirs, les cylindres, etc., et qui, s'interposant entre les surfaces de ces différentes pièces et de celles avec lesquelles elles fonctionnent, tendent à les rayer et à les détruire très promptement. Il est donc indispensable qu'une chaudière soit nettoyée fréquemment, et que le retour de cette opération soit réglé d'après la plus ou moins grande quantité de sels terreux que contiennent les eaux qui y sont employées.

Nous pensons qu'une chaudière devrait être nettoyée toutes les fois que la machine a fait un parcours compris entre

600 et 800 kilomètres, selon que les eaux seront plus ou moins chargées de matières terreuses.

87. Il serait utile que le mécanicien pût, la veille du nettoyage de sa chaudière, et peu après l'arrivée du dernier voyage de sa machine (lorsque la pression sera presque tombée), introduire par le passage des soupapes, une certaine quantité d'acide hydrochlorique dont le but sera de dissoudre les dépôts calcaires formés par le carbonate de chaux, etc , et dont la dose aura été déterminée à l'avance, d'après l'analyse de l'eau employée dans la chaudière, ainsi que d'après la quantité d'eau moyenne que renferme cette dernière. Le mécanicien devra, le lendemain matin, lorsque les dépôts calcaires seront attaqués par l'acide, vider et laver parfaitement sa chaudière.

88. Dans le cas où l'eau employée pour

le service de la machine renfermerait des matières séléniteuses, et afin d'empêcher autant que possible l'incrustation des dépôts salins sur les parois de la boîte à feu et des tubes, il serait utile que le mécanicien introduisît dans la chaudière, après chaque parcours de 250 à 300 kilomètres faits par la machine, un kilogramme environ de pomme de terre ou d'argile plastique, ou bien encore il pourra jeter dans le tender, à chaque fois qu'il fera de nouvelle eau, quelques poignées de farine de seigle qu'il mélangera à cette même eau.

89. Le mécanicien aura soin, avant d'introduire l'argile dans la chaudière, de la bien délayer, car sans cette précaution elle tomberait par masse sur les tubes, et de là au fond de la chaudière, où elle formerait elle-même des incrustations.

90. Lorsque le mécanicien aura laissé

tomber le niveau de l'eau au-dessous du point minimum marqué sur la chaudière, il devra d'abord , et par précaution, s'assurer si la boîte à feu n'a rien de bien détérioré, et dans le cas où les parois n'en seraient ni bossuées, ni par trop chauffées, le mécanicien commencera de suite à couvrir son feu d'une légère couche de coke, en ayant soin d'ouvrir l'échappement et la trappe de la boîte à fumée, dans le but de diminuer le tirage, et de permettre aux parois de la boîte à feu de se refroidir modérément.

Il commencera à alimenter en se gardant bien, surtout, de faire tomber subitement sa pression en introduisant de suite et d'une seule fois toute la quantité d'eau nécessaire pour atteindre le niveau moyen de l'eau dans la chaudière; mais il diminuera l'ouverture du régulateur, afin d'émettre moins de vapeur, et activera peu-à-peu la combustion, tout en introduisant graduellement et à plusieurs reprises la quantité d'eau réclamée pour atteindre le niveau ordinaire.

91. Dans le cas où le niveau de l'eau serait tombé à un point tel que les parois de la boîte à feu fussent déjà rouges, et qu'il y eût danger d'admettre de l'eau, en raison de la production instantanée de la vapeur qui pourrait arriver à une tension et un volume tels qu'une explosion pût en résulter, il devra immédiatement jeter son feu bas, refermer de suite la porte de son foyer, afin de préserver les parois encore rouges du contact de l'air froid, et donner le signal d'appel de la locomotive de secours, à moins cependant qu'il ne se trouvât très près d'une station qu'il pourrait atteindre à l'aide de la vapeur qui lui reste, et où il pourrait alimenter sa chaudière et recharger son feu.

92. Lorsque le mécanicien ne sera plus qu'à un kilomètre environ de la dernière station, il devra ouvrir les deux pompes, de manière à ce qu'en arrivant dans cette même station, le niveau de l'eau soit presque à son maximum de hauteur; ce qui lui sera nécessaire dans le cas où la machine devra séjourner un temps plus ou moins long dans cette station. Dans le cas où ce serait son dernier voyage, il purgerait la chaudière en lâchant 5 ou 6 centimètres d'eau par les robinets de vidange, afin que cette évacuation, faite sous la pression, puisse enlever les incrustations non encore solidifiées, et diminuer le nombre de celles qui, sans cette opération, tendraient à s'y former.

93. Le mécanicien devra surtout se bien garder de vider complétement sa chaudière sous l'influence de la pression; car il est évident que la chaleur du

foyer encore rouge, et de celle des tubes, fera évaporer en peu d'instans l'humidité des dépôts terreux qui pourraient être adhérens aux parois de la boîte à feu et des tubes, et tendra évidemment à les calciner et à les y fixer très fortement.

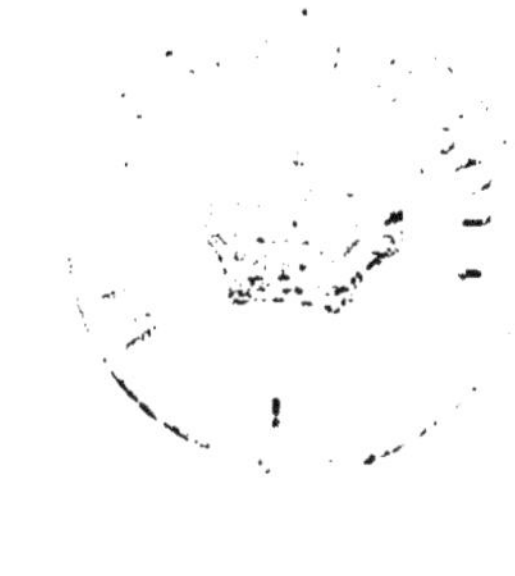

CINQUIÈME PARTIE.

INSPECTION DE LA MACHINE.

Lorsqu'un mécanicien est porté de service, à quelle heure doit-il être rendu près de sa machine, et quelle inspection doit-il faire des matières premières, des outils et de la machine?

94. Tout mécanicien porté sur la feuille de service, ainsi que son chauffeur, devront être rendus près de leur machine, et selon le plus ou moins de manœuvres qu'ils auront à faire pour tel ou tel train, le premier, une heure ou trois quarts d'heure au moins, le second, une heure

et demie ou une heure au minimum, avant le départ du train qu'ils doivent conduire.

95. Le mécanicien, aussitôt son arrivée, devra vérifier si toutes les matières premières, telles que le coke, l'eau, l'huile, le suif, ainsi que le chanvre, le mastic de minium, les mèches à siphons, le vieux coton, les tresses, la corde, la ficelle sont en quantité suffisante pour le service que doit faire la machine ; si l'une ou plusieurs d'elles n'étaient pas dans cet état, il en demandera immédiatement le complément nécessaire.

96. Le mécanicien devra également vérifier si tous les outils, tels que : deux crics, une grande et une petite pince, une longue chaîne, deux chaînes d'attelage avec leurs crochets, une prolonge, deux platsbords de grandeur différente, un marteau et un crochet à coke, une pelle, une lance,

un tisonnier, un ringard, deux petites tiges à tubes, un balai en fil de fer, des tampons de tubes et leur mandrin, trois seaux en toile, deux coins en bois, deux bidons et deux burettes à l'huile, une boîte à suif, une lanterne de niveau d'eau et une de cantonnier, deux drapeaux rouges, deux tubes de niveau d'eau, deux boulets de soupapes, deux massettes en cuivre, deux chasse-clefs, deux chasse-goupilles, un tourne-vis, deux clefs à vis, un assortiment de clefs droites, à douilles et à argot pour le service de la machine et du tender, trois burins et trois becs-d'âne, deux mattoirs, un marteau, un assortiment de limes, un assortiment de goupilles en fil de fer, quelques écrous et boulons de rechange, sont sur son tender et en parfait état de service ; il fera remplacer immédiatement ceux qui seraient défectueux ou qui manqueraient.

97. Le mécanicien sera responsable de tous ces objets dont il recevra un inventaire, et devra les reproduire toutes les fois que ses chefs le requerront ; comme aussi il sera passible d'une amende lorsqu'il sera trouvé dans les coffres de son tender, des outils portant un numéro autre que celui de sa machine.

98. Le mécanicien devra examiner avec soin le piquage de son feu, ainsi que l'état des barreaux, afin de s'assurer que ces derniers sont dégagés de toute espèce de scories et disposés pour donner un passage convenable à l'air, ce qui est très important pour donner un bon tirage et de là une bonne combustion; il s'assurera en même temps que les barreaux sont placés à-peu-près à égale distance, dans le but de retenir les morceaux de coke de peu de volume qui, dans le cas contraire, pourraient s'en échapper ; il examinera

aussi les tubes qui doivent être bien nettoyés et sans fuite d'eau marquante. Si au moment du départ, un ou plusieurs tubes fuyaient, le mécanicien devra les boucher à l'aide de tampons en bois fortement enfoncés.

Le mécanicien continuera son examen par le foyer, qui doit être sans fissures ni crevasses, et également sans perte d'eau bien apparente; le combustible, qui doit être uniformément réparti dans le foyer, et les côtés de ce dernier bien chargés; la boîte à fumée, afin de s'assurer, d'une part, qu'il n'y a aucune fuite dans les tubes, ni dans les tuyaux d'apport et de sortie de vapeur; et, d'autre part, que les deux portes, ainsi que la petite porte à cendres, n'y laissent pas pénétrer l'air extérieur; le niveau de l'eau, qui doit toujours être, et autant que possible, plus haut que bas; l'état de la vapeur, dont il pourra à-peu-près connaître le degré de pression, en soulevant légèrement les léviers des soupapes; et, enfin, la température de l'eau du tender, qui doit toujours être, à l'instant du départ, et autant que possible, à l'état d'ébullition.

99. Le mécanicien devra prendre le soin, quelque temps avant son départ, non pas de laisser les ressorts des soupapes desserrés, ce qui donnerait seulement une pression bien inférieure à la pression nécessaire au travail de la machine, mais de les serrer de suite pour ne pas perdre une certaine quantité de vapeur, qu'on laisse toujours échapper en pure perte, et qui peut être envoyée et utilisée dans le tender, où l'eau n'est jamais à une température trop élevée.

Il continuera sa vérification par l'examen des clavettes et des contre-clavettes, des goupilles et des écrous, des tiges de tiroirs et des pistons (1), des garnitures et des joints, des excentriques, ainsi que de leurs barres et de leurs colliers; des bielles, des roues, et s'assurera si aucun obstacle n'empêche ces dernières de fonctionner; il

(1) Lorsque le mécanicien ne sera pas de service et que la machine sera en petite réparation, il devra vérifier, à l'aide de calibres, la fixité des tiges de tiroirs, la distance des centres des boutons de manivelles et des têtes de bielles; celles des centres des essieux, ainsi que l'écartement des roues, pour s'assurer de leur parallélisme; il portera en outre son attention sur les collets des essieux droits, dont la rupture a généralement lieu à cet endroit.

Il visitera également de temps en temps les cylindres et les pistons, afin de s'assurer si les segmens de ses derniers portent bien sur les parois des cylindres; dans le cas contraire, il devra serrer modérément les ressorts des segmens.

Enfin, il profitera de son séjour au dépôt des machines, soit pour faire de nouveaux joints, soit pour poser de nouvelles garnitures aux boîtes à étoupe des tiges de tiroirs, de pistons, etc., soit, en un mot, pour prévoir et faire à sa machine toutes les petites réparations dont elle aura besoin, et qui, lorsqu'elles n'auront pas été prévues et faites à l'avance, ne pourront être que très difficilement exécutées, lorsque quelque fuite ou dérangement du mécanisme se déclarera pendant la circulation.

fera un examen prompt, mais général, de toutes les pièces de sa machine ; et, dans le cas où l'une d'elles serait blanchie, cuivrée ou rayée, soit par l'usure ou le frottement, il devra de suite en rechercher les causes, et y faire remédier aussi promptement que possible. Il complétera la vérification de sa machine, en la manœuvrant et la faisant fonctionner, pour s'assurer si les tiroirs et les pistons ne perdent pas de vapeur, et si les pompes, ainsi que le frein du tender, fonctionnent parfaitement ; enfin, il ouvrira les robinets purgeurs, afin de laisser échapper l'eau qui pourrait être contenu dans les cylindres, pour éviter, d'une part, en démarrant, que des chocs brusques n'aient lieu sur les pistons et les plateaux des cylindres, par suite du déplacement de cette eau ; et, d'autre part, pour empêcher que la vapeur en se précipitant dans les cylindres, ne s'y condense à son tour, et ne vienne, en pure perte, augmenter le volume de l'eau.

100. Aussitôt l'examen de la machine terminé, et 20 ou 30 minutes environ avant le départ du train, selon que le mécanicien n'aura pas, ou aura des manœuvres à faire dans la gare pour son propre train, il commencera le graissage de sa machine par les boîtes des essieux, les coussinets des bielles, les glissières, les cylindres, les excentriques, ainsi que toutes les parties du mécanisme qui demandent à être lubrifiées, et terminera par le graissage des boîtes des essieux du tender.

101. La lubrification de la machine est un travail dont le résultat est tellement important pour la conservation de cette dernière, qu'il devra spécialement être fait par le mécanicien, et non par le chauffeur, afin que le premier soit assuré que

toutes les pièces de sa machine ont été lubrifiées ; ce qui est d'une nécessité indispensable, tant pour la bonne marche de la machine, que pour préserver les pièces de cette dernière de tous grippemens qui tendent à user et à détériorer promptement les pièces qui n'ont pas été graissées en temps et lieu : ce ne sera donc que par un cas tout-à-fait exceptionnel que le chauffeur devra être appelé à faire ce travail.

102. Le mécanicien prendra ses dispositions pour avoir, dix minutes avant l'heure du départ, sa machine et son tender préparés pour être attelés au train qu'il doit conduire ; ce dernier devra être abordé avec précaution, de manière à éviter toute espèce de choc. Le mécanicien vérifiera lui-même si l'attelage est convenablement fait, et, jusqu'au moment du départ, le frein du tender devra être serré,

le régulateur fermé, et le lévier de changement de marche placé au point mort ; dans le cas où il y aurait excès de vapeur, le mécanicien devra 'employer à chauffer l'eau du tender.

SIXIÈME PARTIE.

CONDUITE DU TRAIN.

Lorsqu'un mécanicien est placé à la tête d'un train, et chargé de sa conduite, quels sont les soins qu'il doit apporter à sa machine, ainsi que les devoirs qu'il a à remplir depuis l'instant de son départ jusqu'au moment de son arrivée à destination?

103. La conduite d'un train, mais principalement de voyageurs, réclame de la part du mécanicien, depuis l'instant du départ jusqu'au moment de l'arrivée: d'un côté, une rigoureuse surveillance à sa machine, non-seulement par la vue, mais encore par l'oreille, afin qu'il soit à même de bien juger, dans le premier cas, de

l'état et du travail des principales pièces qu'il a sous les yeux, telles que : les bielles, les roues, ainsi que le gauche qui peut provenir de leur mouvement de rotation, etc.; comme aussi des oscillations et déviations de sa machine; et, dans le second cas, des grippemens ou de la rupture de telle ou telle pièce du mécanisme qui s'annoncent généralement par leur bruit; ainsi que de l'état et des fonctions plus ou moins régulières de la pression, de la distribution, des pistons, etc., qu'il reconnaîtra au bruit que produit l'échappement plus ou moins régulier de la vapeur; d'un autre côté, un regard constamment fixé sur la ligne, pour être à même de bien juger des objets qui pourraient apporter quelque obstacle à sa marche; enfin, l'attention la plus soutenue pour reconnaître les divers signaux qui lui seront faits.

104. Lorsque le mécanicien sera placé à la tête de son train et prêt à partir, il devra avoir une pression telle, qu'un dégagement assez intense de vapeur s'échappe par les soupapes de sûreté; son niveau d'eau plutôt haut que bas; l'eau de son tender, autant que possible, à l'état d'ébullition, et son feu complétement et uniformément chargé.

105. Avant de se mettre en marche, le mécanicien devra prendre connaissance du nombre de voitures, wagons, etc., ou plutôt du poids approximatif qu'il a à transporter, afin de pouvoir, non-seulement régler ou mesurer, pendant la durée de son trajet, la production de vapeur nécessaire au travail que la machine est appelée à faire, et de là réduire la consommation du combustible, dans le cas où la machine aurait à remorquer un train moins lourd que celui qu'elle est capable de

traîner; mais encore, pour pouvoir calculer, lorsqu'il devra arrêter son train, la distance où il doit fermer son régulateur, afin d'arriver exactement, et sans la passer, à la station où il doit s'arrêter.

106. Aussitôt le signal du départ donné, le mécanicien donnera un coup de sifflet, fera desserrer le frein du tender, mettra le lévier de changement de marche sur l'avant, et ouvrira le régulateur d'une faible quantité, afin de mettre la machine en mouvement avec précaution, et sans choc aucun pour les voyageurs comme pour la tension des chaînes, en ayant soin toutefois, si la machine n'agit pas sous cette première impulsion, de fermer le régulateur et de s'assurer des causes qui peuvent présenter quelque obstacle à sa marche : telles que des garnitures faites à neuf et trop serrées; des pistons trop tendus, ainsi que des coussinets égale-

ment trop serrés qui présentent assez de résistance pour empêcher que la machine ne fonctionne au moment du départ, mais qui cependant s'adoucissent par l'échauffement et la marche.

107. Il arrive quelquefois, en mettant la machine en marche, que les roues motrices glissent sur les rails avec une telle rapidité que le convoi ne peut se mettre en mouvement; cela provient généralement de ce que, ou les rails sont trop humides ou trop gras; ou le régulateur est trop grandement ouvert, et que dans ce cas, l'adhésion des roues n'est pas supérieure à l'inertie du train; ou enfin, à ce que les roues motrices ne sont pas assez chargées. Dans le premier cas, le mécanicien fera jeter un peu de sable entre les roues motrices et les rails, afin de les faire adhérer à ces derniers; dans le second, il diminuera l'ouverture du régulateur; dans

le troisième, enfin, il resserrera les ressorts de ces roues pour leur donner plus de charge. Dans ces différens cas le mécanicien ouvrira de nouveau et modérément le régulateur et purgera les cylindres; si la machine ne se meut pas sous cette nouvelle impulsion, il se disposera pour marcher en arrière, afin de changer la position des manivelles et faciliter la marche en avant, et aussitôt le premier mouvement donné par la machine, il fera de nouvelles dispositions pour marcher en avant; et comme la machine, avant d'être mise en tête du train, a dû parcourir au moins quelques centaines de mètres, il sera donc assuré qu'elle fonctionnera, sauf plus ou moins de difficultés, pour arriver à démarrer le convoi. Aussitôt ce mouvement opéré, le mécanicien, avant de passer sur les aiguilles, les examinera avec soin pour reconnaître leur position, et aura soin, en quittant la station, de regarder l'arrière de son train, pour s'assurer qu'il part avec ce dernier au complet; il augmentera graduellement l'admission de la vapeur, jusqu'à ce que son train ait acquis sa vitesse de règle.

108. Pendant la durée du trajet, le mécanicien devra constamment chercher à obtenir un feu égal, un niveau d'eau à-peu-près constant, et une vitesse régulière qu'il obtiendra d'autant plus facilement qu'à son départ il aura donné à son régulateur une ouverture qui se trouvera plus en rapport avec la dépense de la vapeur nécessaire au travail de la machine; il surveillera également l'état de la vaporisation, et de temps à autre s'assurera de la tension de la vapeur, en soulevant légèrement les léviers des soupapes.

109. Le mécanicien devra dans les stations où l'arrêt sera de cinq à dix minutes,

profiter de ce moment de repos pour faire piquer son feu et vérifier si les fusées des essieux ainsi que les bielles ne sont pas échauffées, et pour graisser les boîtes et les pièces qui le réclameraient; comme aussi il ne devra jamais oublier, pendant ce même arrêt, et autant qu'il y aura excès de pression, de faire arriver la vapeur dans le tender pour y augmenter la température de l'eau, ce qui produira une économie assez importante dans la combustion.

110. Lorsque, pendant la circulation, le régulateur étant fermé, laissera échapper une assez grande quantité de vapeur, ou lorsqu'en se détachant, il laissera à la vapeur un passage complétement ouvert, le mécanicien, dans l'un comme dans l'autre cas, pourra continuer sa marche, en prenant toutefois la précaution de faire serrer les freins bien avant d'arriver à la

station où la machine doit s'arrèter, afin de détruire l'impulsion de cette dernière, par l'arrêt même du convoi. Mais comme alors, le mécanicien se trouvera dans l'obligation, pour opérer ces divers mouvemens, de se servir du lévier de changement de marche, il devra surtout se bien garder de le placer au point mort, d'où il lui serait presque impossible de le changer, par suite de la pression qui s'exercerait sur les tiroirs qui, dans cette position, boucherait complétement des orifices d'introduction.

111. Lorsque le mécanicien arrivera dans une station extrême, où il devra tourner sur des plaques avec une machine dont le régulateur se trouvera dans l'un des cas précités, il sera nécessaire qu'il fasse tomber la vapeur par tous les moyens en son pouvoir, afin de se rendre maître de sa machine et d'éviter tout accident.

112. Lorsque, pendant la marche, la machine circulera sans secousse ni bruit bien apparent, surtout en passant sur les joints d'abouts de rails, c'est un signe que son poids sera convenablement réparti par la tension des ressorts.

113. Lorsque au contraire la machine s'enlèvera soit de l'avant ou de l'arrière, ou décrira dans ses mouvemens quelques variations latérales, c'est un signe que son poids sera mal réparti sur ses essieux, et que les ressorts de l'avant ou de l'arrière, dans le premier cas, devront être resserrés; ou ceux des côtés opposés, ou opposés et extrêmes, dans le second cas, auront besoin d'être serrés ou desserrés, selon que la machine sera, sur chacun des côtés précités, ou trop légère ou trop chargée.

114. Toutes les fois donc que des oscillations assez fortes et continues se feront sentir, le mécanicien devra diminuer l'ou-

verture du régulateur, dans le but de modérer la vitesse de sa marche.

115. Lorsque enfin la machine sera reconnue parfaitement réglée, et que pendant sa marche, elle basculera ou se balancera avec assez de violence, ces diverses oscillations ne pourront provenir que du mauvais état de la voie, ou de la différence qui pourra exister, soit dans l'élasticité des ressorts, soit dans le diamètre des roues; lorsque ces oscillations seront trop fortes, le mécanicien devra également diminuer l'ouverture de son régulateur.

116. Le mécanicien devra arrêter son train avec tout le soin possible et attendre, pour faire serrer les freins, que l'effet du ralentissement se soit produit sur les voitures, pour éviter de donner aux voyageurs des secousses qui leur sont toujours désagréables; il devra surtout se rappeler que le poids et la vitesse de son train sont

à considérer pour le moment où il doit fermer son régulateur; car plus le train est lourd, plus il a de force vive par la vitesse acquise, et moins il s'arrête facilement; plus il est léger, moins il a de force vive et plus il s'arrête avec facilité sous la pression des freins ou de la mise à contre-vapeur.

117. Le mécanicien devra, par un temps de *pluie*, de *neige* ou de *gelée humide*, et avant d'arriver aux stations où il doit s'arrêter, fermer son régulateur un peu plus tôt que de coutume, parce que l'adhérence des freins sur les roues se fait moins fortement sentir que par un temps sec; comme aussi, avant d'arriver aux stations extrêmes, il devra fermer son régulateur à une plus grande distance qu'à l'arrivée des stations intermédiaires; car dans le cas où l'impulsion du train serait trop vive, et que l'emploi des freins et de

la contre-vapeur ne pourraient maîtriser assez à temps la force du convoi, il en résulterait indubitablement quelque accident.

118. Le mécanicien ne devra faire usage de la contre-vapeur que le plus rarement possible, car son emploi est généralement nuisible à la conservation de la machine; il devra surtout éviter, pour ôter l'impulsion du train, lorsque celui-ci sera lancé de manière à dépasser la station, de renverser le mouvement de la distribution, lorsque son régulateur sera fermé.

Cette manœuvre est des plus défavorables à la conservation de la machine, en ce que, en renversant le mouvement en arrière, sans avoir préalablement ouvert le régulateur, on place la distribution pour marcher en arrière, quand au contraire, la machine, par suite du reste d'impulsion qu'elle conserve encore, continue de marcher en avant. Dans ce cas, et à certaines positions, l'orifice du tuyau d'échappement se trouve en communication directe avec les cylindres dans lesquels le vide se trouve fait, et qui alors se remplissent d'air.

Ce dernier est lui-même comprimé par le retour brusque des pistons qui le refoulent dans le tuyau de prise de vapeur jusqu'au régulateur qui, étant appuyé et pressé sur son siége par la pression de la vapeur, se trouve en quelque sorte détaché ou plutôt décollé, quand l'air comprimé dont il a été parlé plus haut, a acquis, après plusieurs coups de pistons, une tension beaucoup plus élevée que la tension de la vapeur.

Cet air, en s'échappant avec bruit, soulève les soupapes et cause toujours des détériorations telles, que les garnitures des tiges de tiroirs ou de pistons sont défaites; ou que les joints des plateaux manquent, ou enfin, que le régulateur perd, soit par le déplacement brusque qu'il a éprouvé, soit par l'air qui l'a repoussé pour pénétrer dans la chaudière. Ainsi donc, quand il y aura force majeure, ou que l'inhabileté du mécanicien sera telle qu'il ne pourra arrêter son train sans faire usage de la contre-vapeur, qu'il n'oublie donc jamais, chaque fois qu'il l'emploiera, d'*ouvrir le régulateur avant de renverser la distribution*.

119. Le mécanicien, à son arrivée dans les gares principales, devra donner une attention toute particulière aux divers signaux qui en partiront, dans le but d'éviter, autant que possible, toute espèce d'encombrement ou de retard dans le mouvement des trains; comme aussi il devra apporter la plus grande attention lorsqu'en arrivant dans une gare, il remorquera un train à l'aide d'une prolonge.

SEPTIÈME PARTIE.

ACCIDENS.

Quels sont les différens accidens qui, pendant la circulation, peuvent arriver à la machine principalement, ou au train ; et quels sont les moyens que le mécanicien doit employer pour y remédier lorsque, toutefois, les cas le permettront ?

120. Les accidens qui arrivent sur les chemins de fer et qui malheureusement ne se renouvellent que trop souvent, pourraient être considérablement diminués si les compagnies voulaient sérieusement supprimer les abus qui les produisent, et qui sont généralement dus, à une très petite exception près :

Soit à la construction défectueuse ou au mauvais entretien de la voie ;

Soit à des réparations qui n'ont été ni prévues, ni faites à temps, dans les locomotives, voitures, wagons, etc. ;

Soit à des signaux qui peuvent donner lieu à une double interprétation ;

Soit à des instructions ou des ordres qui ont été, ou mal donnés, ou mal compris, ou mal exécutés ;

Soit au peu de sobriété des hommes employés dans l'exploitation, et principalement dans la traction ;

Soit, enfin, et c'est ici qu'est le plus grand mal, au défaut d'expérience et même quelquefois de capacités de certains hommes employés dans l'exploitation, mais spécialement dans la traction, depuis la position d'aiguilleur, mécanicien conducteur, chefs de dépôts et de mouvemens, etc., jusqu'à celle d'ingénieurs; hommes qui sont loin de posséder les connaissances spéciales et pratiques, ainsi que l'assiduité que réclament les fonctions respectives qu'on leur a confiées, et qui, malheureusement, ne doivent pas toujours leurs fonctions à leur savoir, leur expérience et leur conduite personnelle.

Lorsque les compagnies chez qui ces abus existent prendront la résolution d'y remédier d'une manière énergique, elles verront décroître, d'une manière notable et en peu de temps, le nombre de leurs accidens.

La meilleure preuve que nous en puissions offrir est celle-ci : que l'on compare une ligne qui a été solidement établie, dont la voie est consciencieusement entretenue, et qui a un personnel, non pas double ou triple de ce qu'il doit être, comme cela existe dans de certaines lignes où, par parenthèse, la quantité ne fait pas le bon service, mais capable et surtout convenablement salarié, avec une ligne qui se trouvera placée dans des conditions de constructions, d'entretien et de personnel contraires; et que l'on prenne à la fin d'une année d'exploitation, et dans chacune de ces deux lignes un même chiffre maximum de voyageurs et de tonnes de marchandises transportées à une même distance, ce qui donnera évidemment la même somme de travail fait par chaque ligne, et qu'ensuite on fasse la récapitulation de tous les accidens, peu importans ou graves qui ont eu lieu dans chacune de ces deux lignes, ainsi que le résumé des frais d'entretien, etc., on pourra juger de l'exactitude de ce que nous avançons.

Les accidens qui sont susceptibles d'arriver pendant la circulation, peuvent, ou suspendre momentanément la marche du convoi, ou l'arrêter complétement; nous commencerons par décrire ceux de la première catégorie, et nous terminerons par ceux de la seconde.

121. Dans le cas où les fusées des essieux s'échaufferaient, ainsi que leurs boîtes à graisse, le mécanicien le reconnaîtra facilement au bruit du grippement qu'elles font entendre et à l'odeur que répand l'huile brûlée; il devra les graisser abondamment.

122. Dans le cas où elles seraient déjà trop échauffées, il jettera quelques seaux d'eau dessus, avant de les graisser, puis déchargera légèrement leur essieu, en rechargeant de la même quantité le ou les essieux voisins.

123. Toutes les fois que le mécanicien devra charger ou décharger une fusée d'essieu, il lui suffira en général de serrer ou de desserrer les ressorts de ce même essieu.

124. Dans le cas où les tiges des tiroirs ou des pistons, ainsi que les glissières ou les excentriques viendraient à s'échauffer, le mécanicien le reconnaîtra également au bruit de leur grippement; il devra alors lubrifier celles d'entre elles qui le réclameront.

125. Si les coussinets des bielles venaient à s'échauffer, le mécanicien le reconnaîtrait encore au bruit de leur grippement, ainsi qu'à la limaille de cuivre dont les boutons soit de manivelles ou de crosses de piston seront couverts; il les lubrifierait immédiatement et abondamment, et si toutefois ils étaient par trop échauffés, il les rafraîchirait d'abord avec de l'eau avant de les graisser, puis les desserrera très légèrement.

126. Nous ne saurions trop recommander au mécanicien, à chaque station où l'arrêt est de quelques minutes, de visiter,

par le toucher, les boîtes à graisse de la locomotive et du tender, ainsi que les boutons de manivelles et les bielles. Ces dernières, surtout, réclament une attention toute particulière de la part du mécanicien, car leur grippement pourrait occasionner un frottement tellement violent, que la courbure ou la rupture de la bielle pût s'ensuivre.

127. Dans le cas où les pistons gripperaient dans leurs cylindres, ce qui proviendra généralement du trop fort serrage de leurs segmens, le mécanicien l'entendra également au bruit qu'ils feront, et devra alors fermer le régulateur et lubrifier les cylindres.

128. S'il se déclarait une fuite d'eau dans un ou plusieurs tubes, le mécanicien devra, selon l'intensité de la fuite, ou arrêter son train immédiatement, ou attendre qu'il soit arrivé à la première station, pour

placer aux extrémités de chaque tube défectueux, un tampon en bois fortement enfoncé.

129. Dans le cas où l'eau et la vapeur qui s'échapperaient d'un ou de plusieurs tubes ne permettraient pas au mécanicien de les découvrir, il devra dans cette circonstance ouvrir ses deux pompes à-la-fois, et les tenir dans cet état jusqu'à ce qu'il ait fait tomber la pression, et soit arrivé à découvrir les tubes qui produisent la fuite, qu'il bouchera alors avec ses tampons.

130. Si l'eau s'échappait des tubes assez violemment pour ne pas permettre au mécanicien d'obtenir une quantité de vapeur suffisante pour continuer de marcher à sa vitesse primitive, il devra, jusqu'à ce qu'il soit arrivé près d'une machine de réserve qui alors remplacera la sienne, diminuer la dépense de la vapeur, et ralentir la vitesse de son train.

131. En cas de dérangement de l'une des pompes, le mécanicien y remédiera à l'aide des moyens indiqués plus haut (79).

132. Si le frein du tender venait à manquer complétement, soit par l'usure ou la rupture, le mécanicien devra, avant d'arriver aux stations, fermer l'ouverture de son régulateur plus tôt qu'à l'ordinaire, et arrêter l'impulsion de son train à l'aide de la contre-vapeur.

133. Dans le cas où le régulateur laisserait échapper une quantité d'eau telle, que l'alimentation en deviendrait difficile au point que la vaporisation ne pourrait suffire au travail de la machine, le mécanicien devra faire l'appel de la locomotive de secours; en attendant son arrivée, il pourra continuer sa marche, mais il se trouvera alors dans l'obligation de fermer un peu l'ouverture du régulateur, ce qui diminuera sa vitesse, afin de n'admettre

dans les cylindres qu'une vapeur sèche et dégagée de la plus forte partie d'eau qu'elle contenait primitivement.

134. Si le couvercle d'un cylindre venait à être brisé par suite de la rupture des pièces du piston, etc., le mécanicien devrait, après avoir arrêté sa machine et démonté le couvercle, dételer la tige du tiroir, et fixer ce dernier au point mort, c'est-à-dire de manière à couvrir exactement les orifices d'introduction ; puis laisser montés autant qu'il y aura possibilité, la bielle, les barres d'excentriques, le piston et sa tige, et continuer sa marche avec un seul cylindre, en prenant toutefois la précaution, lorsqu'il s'arrêtera aux stations, de placer la manivelle du seul piston dont il se sert, dans les positions les plus favorables au démarrage du train ; et éviter surtout, de ne jamais placer cette manivelle au point mort, c'est-

à-dire dans une position horizontale.

135. Lorsqu'un piston viendra à se briser par suite de la rupture d'une clavette, d'une vis, etc., ou par l'admission subite d'une très grande quantité de vapeur, quand la machine a une forte charge et circule à une grande vitesse;

Lorsque la rupture d'une tige de tiroir ou de piston aura lieu;

Lorsque un boulon de jonction des colliers d'excentriques se détachera;

Lorsque enfin, une bielle viendra à se plier ou à se rompre par suite de la perte d'une de ses clavettes, etc., le mécanicien devra dans ces différens cas, arrêter immédiatement sa machine, dételer la tige du tiroir afin, d'un côté, de pouvoir pousser et fixer ce dernier à bout de course, et, de l'autre, à ce que la vapeur arrive sur l'arrière du piston que le mécanicien poussera et fixera également à bout de course;

puis il démontera les barres d'excentriques et la bielle, et continuera sa marche en se rappelant que toutes les fois qu'il marchera avec un seul cylindre, il ne devra jamais, lorsqu'il arrêtera son train, laisser la manivelle *placée horizontalement.*

136. Si la rupture de la vis d'attelage et des deux chaînes, soit de voitures ou de wagons avaient lieu, le mécanicien y remédiera en faisant l'application de l'article (20).

137. Dans le cas où le tender viendrait à se détacher du train, ou la locomotive à se détacher du tender, par suite de la rupture, dans le premier cas, du crochet et des chaînes d'attache, et dans le second, de la barre d'attelage et des chaînes, le mécanicien devra immédiatement augmenter l'ouverture de son régulateur, dans le but de séparer et d'éloigner aussi

promptement que possible la locomotive du train, et de conserver une avance d'au moins 150 à 200 mètres entre ce dernier et lui.

Aussitôt le train arrêté, il s'en approchera avec précaution, et y placera de nouvelles chaînes lorsque, soit après la rupture du boulon ou de la barre d'attelage, soit après la pose de nouvelles chaînes lorsqu'il n'y aura pas de barre d'attelage, il existera quelque jeu entre la locomotive et le tender; dans ce dernier cas le mécanicien devra, au moment d'arriver à une station, ne pas fermer complétement son régulateur, et faire arrêter son train en quelque sorte par la pression des freins, en donnant toujours un léger tirage à la machine dans le but de bien tendre les chaînes précitées, et d'éviter tout choc entre le tender et la locomotive.

138. Dans le cas où un ressort viendrait

à fléchir ou à se rompre, le mécanicien devra réduire la vitesse de sa machine, principalement dans les endroits où la voie est mauvaise; mais dans le cas où l'inégalité du poids de la machine causerait à cette dernière des oscillations par trop fortes, le mécanicien fera l'appel de la locomotive de secours, tout en continuant sa marche, mais très modérément.

139. Si les deux pompes cessaient en même temps de fournir de l'eau, soit par le défaut de marche des clapets, soit par la rupture des conduits d'eau du tender, soit, enfin, par l'introduction de corps étrangers dans ces derniers, le mécanicien devra jeter son feu bas aussitôt que le niveau de l'eau sera près d'arriver au point minimum, et faire l'appel de la locomotive de secours; il devra en outre profiter du reste de sa vapeur pour se rendre, s'il le peut, sur une voie d'évitement, et dans

le cas contraire, continuer sa marche aussi loin que possible.

140. Dans le cas où l'eau qui sortirait des tubes serait telle qu'elle arrêterait la combustion et obligerait à faire un nouveau feu, le mécanicien devra, s'il n'est qu'à peu de distance d'une machine de réserve, la faire appeler immédiatement; dans le cas contraire, il devra chercher à se rendre de suite, et autant qu'il en aura la possibilité, sur une voie d'évitement, pour mettre son feu bas, tamponner ses tubes, recharger et allumer son feu.

141. En cas de rupture d'un essieu de wagon ou de voiture, le mécanicien devra, dans le premier cas, et autant qu'il y aura possibilité, faire charger et répartir sur les autres wagons, les essieux, le cadre ainsi que les objets provenant du wagon dont l'essieu est brisé; s'il ne le peut,

il fera déposer en dehors de la voie, les objets qu'il ne pourra emporter; dans le second cas, aussitôt qu'il aura fait l'appel de la locomotive, du wagon et des voitures de secours nécessaires à la circonstance, et après avoir pris les mesures de sécurité nécessaires pour la partie abandonnée, le mécanicien repartira immédiatement pour sa destination.

142. Dans le cas où la rupture d'un essieu de tender ou de locomotive aurait lieu, ce qui est un cas assez rare, le mécanicien devra, aussitôt qu'il s'apercevra de l'affaissement du tender ou de la locomotion, arrêter immédiatement son train par tous les moyens en usage, jeter son feu bas, en prenant le soin de faire jeter quelques sceaux d'eau sur le coke au fur et à mesure qu'il tombera sur la voie, et appeler de suite la locomotive et le wagon de secours.

143. Si une roue venait à se décaler, le mécanicien s'en apercevrait facilement, tant aux étincelles que par le bruit provenant de son frottement contre les pièces qu'elle rencontrera; et comme dans cette circonstance il ne pourra en rien réparer cette roue, il arrêtera son train aussi promptement que possible, jettera son feu bas, et fera l'appel de la locomotive de secours.

144. Dans le cas où une machine viendrait à dérailler, les causes en seront généralement dues : ou à la faute de l'aiguilleur qui aura placé son aiguille dans une position contraire à la direction de la voie suivie par la marche de la machine; ou au peu de ménagement qu'aura apporté le mécanicien en franchissant soit une aiguille soit un croisement de voie; ou enfin, au mauvais état de la voie qui, faisant subitement basculer ou dévier

la machine, occasionnera son déraillement.

Lorsque une machine sera déraillée le mécanicien devra, s'il n'est pas très éloign d'une locomotive et d'un wagon de secours, les faire appeler pour avoir plus d'assistance dans son travail. Il commencera, à l'aide de plusieurs crics, par faire soulever chaque extrémité de la machine, de manière à pouvoir placer sous ses roues extrêmes, des plats-bords qu'il aura le soin de bien faire graisser; une fois la machine bien d'aplomb, il calera, alternativement et avec soin, les deux roues de l'arrière ou de l'avant, selon que la machine devra être ramenée sur la voie de l'avant ou de l'arrière; lorsqu'elle sera amenée et placée longitudinalement sur la voie, il la fera soulever de nouveau, à chaque extrémité, pour enlever les plats-bords et poser les roues sur les rails.

145. Dans le cas où la machine serait déraillée et renversée, le mécanicien devra d'abord, à l'aide de chèvres ou de treuils, la faire dresser et poser sur ses roues; puis ce travail exécuté, il opérera comme dans le cas précédent.

FIN.

TABLE DES MATIÈRES.

IMPRIMÉ CHEZ PAUL RENOUARD,
rue Garancière, n. 5.

www.ingramcontent.com/pod-product-compliance
Ingram Content Group UK Ltd.
Pitfield, Milton Keynes, MK11 3LW, UK
UKHW020313180726
13839UKWH00001B/454

9 782329 418421